失落的百年致富经典

[美] 华莱士·沃特尔斯
[美] P. T. 巴纳姆
[美] 乔治·克拉森◎著

胡元斌◎编译

孔學堂書局

图书在版编目（CIP）数据

失落的百年致富经典 /（美）华莱士·沃特尔斯，
（美）P.T. 巴纳姆，（美）乔治·克拉森著；胡元斌编译.
贵阳：孔学堂书局，2025. 3. -- ISBN 978-7-80770
-652-6

Ⅰ．B848.4-49

中国国家版本馆 CIP 数据核字第 2025NY4099 号

失落的百年致富经典

［美］华莱士·沃特尔斯　［美］P. T. 巴纳姆　［美］乔治·克拉森◎著
胡元斌◎编译

SHILUO DE BAINIAN ZHIFU JINGDIAN

责任编辑：陈 倩 杨 慧
书籍设计：壹品尚唐
责任印制：张 莹

出版发行：贵州日报当代融媒体集团
　　　　　孔学堂书局
地　　址：贵阳市乌当区大坡路 26 号
印　　刷：三河市兴达印务有限公司
开　　本：710mm×1000mm　1/16
字　　数：200 千字
印　　张：15
版　　次：2025 年 3 月第 1 版
印　　次：2025 年 3 月第 1 次
书　　号：ISBN 978-7-80770-652-6
定　　价：58.00 元

前　言

21 世纪初，一部失落百年的财富秘籍在美国悄然面市，随即风靡世界各地。时隔二十多年，这部书在现代社会的网络平台再次受到追捧且爆红，成为人们关注的热点。

这是一部什么奇书，究竟有什么魅力，能够历经百年仍然热度不减呢？这部书的名字就叫《失落的百年致富经典》，作者分别是美国的成功学大师华莱士·沃特尔斯、杰出企业家 P.T. 巴纳姆和第一个揭示巴比伦创富秘密的超级富豪乔治·克拉森。

沃特尔斯是一位"新思维"运动作家，他在经历了人生挫折后，晚年系统研究哲学和宗教，然后根据自己的感悟和思考，写出了《失落的百年致富秘籍》这部奇书。

巴纳姆是美国马戏团的创始人，也是一位杰出的企业家和演出主持人。他在晚年将自己的赚钱艺术和经商智慧整理成书，出版了指导千万人致富的《马戏团里的亿万富翁》。

克拉森出生于美国密苏里州路易斯安那市，并在内布拉斯加大学接受教育。他年轻时候创立了克拉森地图公司，曾经生产了第一张美国和加拿大的公路地图。此外，他还在西班牙对美国战争中服役于美国军队。晚年，他潜心研究历史和致富奥秘，创作了震惊世人的《巴比伦首富的秘密》。

这三部非凡的著作，在新世纪重新问世后，宛如三部造富的机器，在生存日益艰难的现代社会，为每一个渴求财富的心灵注入了一股强劲的动力，迅速掀起了新一轮的创富热潮。

《失落的百年致富秘籍》这部奇书汇总了通往财富之路所必需的知识，把那些最为关键、最为实用的财富秘籍，清晰地呈现在人们面前，从思想层面树立了人们对金钱的认识，强大了人们的致富意念。作者认为，任何遵循并坚持书中所描绘的致富路径者，终将抵达他们企望的财富巅峰。此书强调的是信念的力量，认为每个普通人凭借思考与头脑风暴，都有机会奇迹般地变得富有。作者并不是倡导无休止的空想，而是要求人们在缜密思考中，凭借科学思维将日常生活中诸多细节与实践相结合，并以特定方式达到自己的人生目标。

《马戏团里的亿万富翁》的作者巴纳姆出身贫寒，却凭借不懈努力，跃升成为美国历史上最富有的人物之一。巴纳姆根据亲身经历，归纳出 21 条创造财富的黄金法则，这些宝贵经验对于每一个渴望成功的人来说，都是值得深入研读与借鉴的宝贵财富。

《巴比伦首富的秘密》讲述了古巴比伦几位超级大富翁的成功之道，向读者传授了理财的智慧谋略。书中的故事生动有趣，很多银行、保险公司都纷纷购买并发给员工阅读。这本书自从出版以来，被翻译成多种文字，畅销不衰，成为西方励志经典书籍之一。

这三部著作的诞生都要追溯到百年前的悠悠岁月长河之中，其内容犹如一束束聚焦的激光，完完全全地投射在创富这一核心问题上。

这本书独辟蹊径，荟萃以上三部著作的精华，以一种坦率直白的态度，将赚钱秘诀和门道一一道来。也许，在某些高雅之士的眼中，这种只谈赚钱的主题显得颇为俗气，可它却实实在在地具备实用性和操作性，就像一把开启财富大门的神奇钥匙，为每一个普通人打开了通往致富的大门。

我们生活在一个人人追求成功的时代，人人都希望实现人生的价值，创造更加幸福美好的生活。因此，人人都在寻找成功的导师，争取攀登人生的巅峰。为此，我们特意编译了本书，对原著进行了升华和扩充，使之更加适宜广大读者阅读，从而真正成为人生的航灯，照耀我们迈向成功的彼岸。

书中文字是智慧的结晶和思想的精髓，是那些著名成功人士造富经历的高度浓缩和精华荟萃，是成功的奥秘、生命的明灯，也是必将引爆我们普通人发财致富之路的生命火花！

目录

第一部　失落的百年致富秘籍　/　001

每个人都有致富的权利　/　002

积累财富是一门科学　/　006

你想推开财富之门吗　/　011

通往富裕的首要条件　/　014

充实你的生命，从财富开始　/　020

财富是被你吸引来的　/　025

感恩铺就财富之路　/　031

遵循法则，采取行动　/　035

行动还必须讲求效益　/　039

超越优秀，迈向卓越　/　043

遵循致富的自然法则　/　048

攀登人生的财富巅峰　/　058

第二部　马戏团里的亿万富翁　/　063

通向财富大道的铺路石　/　064

用自己的爱好赚钱更容易　/　069

1

远离债务，轻松前行 / 073

坚持不懈，步入财富殿堂 / 075

不要盲目地开始做生意 / 078

怀抱希望，但需脚踏实地 / 081

避免分散自己的精力 / 082

洞察时事，把握财富脉搏 / 083

避免盲目投资 / 084

顾客至上，以礼相待 / 086

保护自己的商业秘密 / 088

以诚实正直的品格赢得长久财富 / 089

第三部　巴比伦首富的秘密 / 095

神秘信件的启示 / 096

从奴役到富人的蜕变 / 112

勤劳铸就财富的基石 / 124

让金钱为你增值 / 146

构建财富的坚固防线 / 158

才华不应被贫穷束缚 / 166

巴比伦首富的财富传奇 / 175

摆脱贫穷的七大秘籍 / 188

五大黄金法则的珍贵指引 / 208

幸运降临的秘诀 / 222

第一部　失落的百年致富秘籍

［美］华莱士·沃特尔斯 著

　　这部书的作者是美国的成功学大师华莱士·沃特尔斯（Wallace Wattles，1860—1911）。沃特尔斯是一位"新思维"运动作家，他在经历了人生的挫折之后，晚年开始系统地研究哲学和宗教，并根据自己的感悟和思考写出了《失落的百年致富秘籍》。书中总结了普通人致富的基本逻辑，侧重于致富理念的理解，其中的一些挣钱理念和致富方法成为世界上无数国家几代人的致富圣经。

每个人都有致富的权利

美好的生活是自我全面成长的重要基石，它建立在身体强健、心智成熟与灵魂充实三者和谐共生的基础之上。在这样的状态下，我们能够体验真正的尊严与持久的幸福。这是每位渴望美好生活的人心之所向，因此，我们应当勇敢地追求那种涵盖物质与精神双重富有的状态，但不应将其狭隘地定义为单一的财富积累，而应追求一种内外兼修、全面繁荣的生活方式。

在日常生活中，我们时常遇见这样一群人，他们高喊着"追求简朴，不为世俗名利所动"的口号，生活或许显得捉襟见肘，却始终坚守着自认为的"高尚情操"。尽管他们可能对外展现出一种对贫困的淡然和赞美，甚至对富裕之家投以不屑，但内心深处，他们无法否认一个不争的事实：缺乏稳固的经济支撑，个人的生存与发展都将无从谈起。

诚然，此中蕴含的道理浅显易懂：人生旅途，我们首需解决温饱，确保基本生存无虞；继而，向往教育之光，追求心灵的升华与智慧的启迪，渴望在精神世界中遨游。这些愿景的实现，无不依赖于坚实的经济基础。在今日这个商品经济高度发达的社会里，无论是满足物质需求还是追求精神享受，皆需金钱作为媒介。故而，若欲谋求发展而怠于财富的积累，甚至对金钱持鄙夷态度，这无疑是一种不切实际的空想，难以在现实中立足。

人类，作为万物之灵，自超越兽性束缚以来，便踏上了追求更高境界的征途。温饱之外，我们更渴望实现个人价值与社会价值的双重飞跃。这股深植于心的冲动，驱使着每个人不断前行，力求成为心中那个理想的自我，实现自我潜能的最大化。而一个人是否实现其最大价值，无疑成了衡量其成功与否的关键因素之一。在这条道路上，我们不断探索、不懈奋斗，只为让生命之花在世间绽放出最耀眼的光芒。

从本质上剖析，追求个人全面发展的极致，是每个个体不可被剥夺神圣不可侵犯的基本权利。这一权利内在地使每个人自由获取并充分利用各类资源，无论是为了强健体魄、启迪心智，还是为了滋养灵魂。在此逻辑框架下，追求财富、实现经济上的富足，实则是每个人基于人身权利的自然延伸与实现。因此，致富不仅是个人奋斗的目标，更是每个人与生俱来、应被尊重与保障的人身权利。

生命之尊贵，理应受到我们最深沉的尊重。这份尊重，体现在对每一个生命体本能需求的认同与满足上，其中便包括对富足生活的向往与追求。若我们渴望活出尊严，那么对正当的财富应持有敬畏之心，这是不可或缺的态度，不能因未能拥有便妄加非议，陷入"吃不到葡萄说葡萄酸"的狭隘境地。

同时，我们应当积极探寻并关注那些合法正当的"致富之道"，它们如同指引我们前行的灯塔，照亮通往经济独立与自由的道路。安于现状、甘于贫困，绝非对生命的尊重，而是对潜能的浪费与自我发展的束缚。我们应当勇于追求更好的生活，用智慧和汗水铺就通往富足的坦途，让生命之花在阳光下绚丽绽放。

真正的富有，乃是心灵与物质和谐共生的美好境界。身处此境，个体身心健康，生活充盈着宁静与满足。然而，这并非终点，而是新旅程的起点。因为真正的富有者，他们的心灵从不为既有财富所拘，总是怀揣更高的追求与梦想。在他们的世界观里，生命是一场永无止境的探索与追求，对富足的渴望如同星辰般璀璨，引领他们不断前行。

正是这份对现状的不满足，赋予了生命无穷的活力与创造力。它驱使我们不断挑战自我，突破极限，去追寻那些看似遥不可及却又令人心驰神往的目标。在这个过程中，我们学会了珍惜，学会了感恩，也更加深刻地理解了生命的价值与意义。因此，不满足于现状，不仅是富有活力的表现，更是通往更加辉煌未来的必经之路。

人的内心若存有不满足之火，便能产生驱动其不断向前的强劲动力。这种不满足，促使我们超越既有成就，勇于探索未知，从而在更广阔的天地中茁壮成长。正是这份不懈的追求，让我们在积累更多资源的同时，也拥有了创造更大价值的能力，为个体生命乃至整个人类社会的蓬勃发展注入了勃勃生机。

这不仅是自然界中优胜劣汰、不断进化的法则的体现，更是人类天性中那份永不满足、勇于攀登高峰的真实写照。在这样的富足状态下，人们深刻认识到，"小富即安"的心态无异于故步自封，它会消磨我们的斗志，阻碍我们的进步。相反，我们应当时刻保持对未知的好奇与渴望，勇于挑战自我，不断追求更高的目标，让生命之树在追求与奋斗中更加枝繁叶茂，生机勃勃。

我们应当深刻认识到，真正美好且富足的生活，是建立在身体、心智与灵魂三者和谐发展的基础之上。我们应当努力追求一种平衡与协调，让这三方面相互促进，共同提升。只有这样，我们才能在人生的旅途中，体验到真正的幸福与满足，实现自我价值的最大化。让我们摒弃那些片面与极端的人生观，拥抱一个全面、健康、和谐的生活方式吧！

从另一个视角审视，生活的物质基础对于个体的全面发展具有不可忽视的重要性。试想，若缺乏美味食物的滋养，我们的身体便难以获得充足的营养，健康自然无从谈起；若衣物简陋，无法抵御严寒，身体便易受疾病侵袭，健康状态堪忧。同样，一个温暖的居所，是抵御外界恶劣环境、保障安宁生活的基石。若终日劳苦，无法摆脱繁重的体力劳动，身体将长期处于透支状态，难以维持健康与活力。

再者，休息与休闲的自由，是生命不可或缺的一部分。它们如同心灵的绿洲，让我们在忙碌与压力之下得以喘息，恢复精力，重新出发。若如奴隶般被剥夺了这些自由，生命将变得沉重而压抑，失去应有的色彩与活力。在这样的状态下，人的心智与灵魂也将受到极大的束缚与摧残，难以得到真正的成长与滋养。

因此，我们应当珍视并努力创造一个既满足基本物质需求，又充满自由与休闲机会的生活环境。这样的环境，将为我们身体的健康、心智的成长以及灵魂的安宁提供坚实的保障，使我们能够全面而和谐地发展，享受真正美好且富足的生活。

在物质资源充裕的条件下，人们更容易保持身体的健康、心智的活跃与灵魂的安宁，从而更全面地发展自我，实现自我价值。

追求财富，并非贪得无厌或道德沦丧地索取，而是对美好生活的合理向往与积极追求。财富，作为实现生活目标的重要资本，它能够帮助我们改善生活条件，提升生活质量，让我们有更多的机会去追求艺术、文化等精神层面的享受。因此，对财富的渴望，实际上是对更加丰富多彩、充实有意义生活的渴望，这种渴望是人之常情，也是推动个人成长与社会进步的重要动力。

当然，追求财富的过程中，我们需要保持理性与节制，避免陷入盲目攀比的陷阱。我们应该明确自己的价值观与人生目标，将追求财富与实现个人价值、贡献社会相结合，让财富成为我们追求幸福生活的助力而非负担。

总之，勇于追求财富是一种积极向上的生活态度，它值得我们肯定与赞美。但同时，我们也应该注重精神财富的积累与提升，让物质与精神相互促进、共同发展，从而真正实现全面且和谐的人生。

每个人内心深处都怀揣着对丰盈生活的憧憬，梦想着拥有足以支撑这种生活的经济基础。若我们身心健康，就应积极投身于财富的创造之中，使致富成为人生道路上的重要目标之一。

积累财富是一门科学

财富的奥秘，实则是一门博大精深的学问，它不仅是所有知识领域中颇为崇高且值得深入研究的，更是我们生活中不可或缺的一部分。我们没有理由不对其倾注极大的热情与努力，去揭开它神秘的面纱。

进一步说，若我们忽视了对这门学问的探索与学习，那便是对自我成长、社会进步乃至全人类福祉的一种忽视。这无异于是逃避我们应尽的责任，将自己从社会的洪流中抽离，放弃了对自我潜能的挖掘与实现。因为，一个人对社会的最大贡献，往往体现在他如何活出自己的精彩，如何通过自己的努力与成就，为周围的人带去正面的影响。

在人生之旅中，财富的累积往往源自一系列特定的行为模式，这些模式可能是个人精心策划的策略，也可能是不经意间踏上的成功之路。但无论如何，它们都是通向财富增长的关键路径。相反，若个体偏离了这些有效的行为模式和方法，即便付出再多努力，也可能难以摆脱贫困的桎梏。

这种财富与行为之间的紧密联系，实际上反映了自然界中普遍存在的规律。因此，对于追求财富的人来说，核心任务在于发现并遵循那些已被验证为有效的财富增长之道。一旦找到了这样的路径，并持之以恒地践行，财富的累积便会自然而然地加速进行，仿佛水流顺着渠道自然流淌一般。

这不仅仅是对外部环境的适应，更是对个人意志力和决心的考验。它要求我们在面对选择时保持敏锐的洞察力，勇于尝试并不断优化自己的行为模式，以确保自己始终走在通往财富的正确道路上。同时，也提醒我们要对自己的选择和行动负责，因为最终的结果往往取决于我们如何把握和利用这些机会。

虽然环境在个人成长与财富积累中扮演着重要角色，但它并不是唯一的决定性因素。尽管环境能为某些人铺设一条通往财富的康庄大道，但观察同一环境下的不同个体，我们会发现他们的财富积累状况却大相径庭。这一事实深刻揭示了，除了环境之外，还有其他更为关键的因素在影响着个人的财富积累。

具体来说，即使两个人生活在相同的地区，从事着相同的工作，他们的财富水平也可能存在显著的差异。这种差异更多地归因于他们各自的行为习惯、思维方式、努力程度以及把握机遇的能力等。这说明了，在追求财富的过程中，个人的主观能动性起到了至关重要的作用。

再者，关于个人才智与财富积累之间的关系，也并非简单的正相关。虽然智慧是理解和应用财富增长策略的基础，但真正的成功往往还依赖个人的决心、执行力、适应变化的能力以及对风险的独特见解等。因此，我们可以看到，有些才华横溢的人可能因为种种原因未能实现经济上的飞跃，而一些看似普通的人却能凭借自己的努力和智慧，积累起可观的财富。

因此，才智虽然重要，但并非决定个人财富积累的唯一因素。在追求财富的过程中，个人的行为模式、思维方式以及对机遇的敏锐捕捉能力才是更为核心的决定力量。

深入剖析成功致富的群体，我们发现一个共性：这些成功者或富人，在诸多方面展现出的并非超凡脱俗的天赋或超能力，而是他们普遍遵循的一种特定的行事法则。这种法则，正是他们能够在众多竞争者中脱颖而出，取得非凡成就的关键所在。

如果我们将遵循特定法则视为致富的主要因素，而将财富积累作为这一行为的最终结果，那么理论上，任何人只要能够掌握并实践这些法则，都有机会实现财富的增长。这种因果关系的明确性，使得致富在某种程度上变得可以预测和可控，从而能够纳入科学分析和精准实践的范畴。

然而，面对这一逻辑，很多人会产生疑虑：认识和掌握这些特定法则是否遥不可及，是否只有少数精英才能领悟并成功应用？实际上，这种担忧是没有必要的。正如我们之前所分析的，无论是天才还是普通人，只要他们愿意投入时间和精力去学习、思考及实践，都有可能找到并遵循这些法则，进而达到致富的目标。聪明与愚钝、强健与羸弱，在追求财富的过程中并非决定性因素，关键在于个人的意愿、努力和方法。

当然，这并不意味着任何人都可以轻易地变得富有。成功致富还需要个体具备一定的思考能力和理解能力，以便正确地认识法则、分析市场、做出决策。但幸运的是，这些能力并非只属于少数人，而是每个人通过学习和实践都可以逐渐培养和提升。

因此，对于渴望致富的人来说，重要的是要保持开放的心态，勇于学习和尝试，不断提升自己的思考能力和理解能力。同时，要认识到本书等资源的价值，它们提供了宝贵的知识和经验，可以帮助我们更好地理解和应用致富的法则，从而找到属于自己的财富增长之路。

同时，关于财富与节俭的关系，需要我们重新审视。节俭固然是一种美德，但单纯的节俭并不能直接实现财富的积累。相反，那些能够明智地投资、勇于抓住机遇并适时消费的人，往往更有可能实现财富的快速增长，因为他们是在为未来的财富增长播撒种子。

综上所述，我们可以得出结论：一个人之所以能够发家致富，关键在于他始终如一地遵循着某种特定的行事法则。这种法则可能涉及投资、消费、风险管理、持续学习等多个方面，而正是这些方面的综合作用，使得他们能够在复杂多变的市场环境中稳健前行，最终实现财富的快速增长。

这里我还要提到致富的另一个重要条件，就是资金，虽然在一定程度上，资金为财富的积累提供了基础，但它并不是打开财富大门的唯一或决定性因素。实际上，即便在资金有限甚至负债累累的情况下，个人依然有可能通过特定的方式和策略实现财富的积累。关键在于，你是否愿意并能够遵循那些被验证为有效的致富法则。

当一个人掌握了这些法则，并付诸实践时，他就已经踏上了通往财富积累的道路。这些法则不仅仅是关于资金管理的技巧，更涵盖了思维方式、行为习惯、决策能力等多个方面。通过持续学习和应用这些法则，个人可以逐步提升自己的理财能力，无论其起点如何。

值得注意的是，致富的过程往往伴随着自我调整和成长。如果发现自己选错了行业或处于不适合自己发展的位置，那么及时做出调整是至关重要的。这种调整不仅是为了更好地适应环境，更是为了让自己能够更高效地运用致富法则，从而实现财富的快速增长。

因此，无论你现在处于何种境况，都不要放弃对财富的追求。只要你愿意开始遵循那些特定的法则，并持之以恒地践行它们，你就一定能够逐步走向成功。记住，致富的关键在于行动和坚持，而非仅仅依赖于本金或其他外部条件。

面对生活中的种种不利条件，如巨额债务、贫困、缺乏社会资源等，人们往往容易感到沮丧和无助。然而，正如前面所说，只要我们能够掌握并遵循那些特定的法则，它们就会像一盏明灯，指引我们走向财富和成功的道路。

首先，我们要明确的是，这些法则并不是遥不可及或高深莫测的秘密，而是经过时间验证、行之有效的成功原则。它们包括勤奋工作、持续学习、财务管理、市场洞察等多个方面。当我们开始遵循这些法则时，就已经迈出了致富的第一步。

在现有的行业或位置上，我们同样可以实践这些法则。无论我们的起点如何，只要我们保持积极的心态，持续努力，就一定能够逐渐改善自己的处境。我们可以学习行业内的最佳榜样，提升自己的专业技能，建立有效的人际关系网络，这些都是帮助我们积累财富的重要方法。

最后，我想强调的是，致富并不是一蹴而就的事情。它需要我们付出时间、精力和努力，并在实践中不断学习和调整。但只要我们能够坚持不懈地遵循那些特定的法则，就有机会实现自己的财富梦想，让一切变得更好。

你想推开财富之门吗

　　"财富"这二字无疑散发着无尽的魅力，令芸芸众生无不心生向往，梦想着它能引领我们步入物质充裕的殿堂。然而，遗憾的是，多数人面对这份诱惑时，心中却充满了敬畏与怯懦，不敢奢谈拥有，更遑论勇敢追寻，甚至连梦想的轮廓都不敢轻易勾勒。难道说，我们这些尘世间的普通人，真的注定与财富的殿堂无缘，只能远远眺望吗？你有没有想过，大胆去推开"财富"这扇大门呢？

　　"意识决定一切"，当思想与目标、毅力以及你获取物质财富的强烈欲望相结合时，便会产生意想不到的强大力量。顽强的意志力，是每个人成功的决定力量。凡是想要成功者，就必须要有正确的思考方法和思维方式。这样你追求的东西，就有机会能得到。

　　一个叫爱德文·伯尼斯的人在多年前发现：只要思考就能获得财富。他的发现不是一时的奇想，而是一点点积累的。当初只是一种强烈欲望，他打算和伟大的爱迪生成为商业伙伴。

　　伯尼斯的愿望很明确，他要和伟大的爱迪生"共同"工作，而不是"为他"工作。所以说，只有分析如何将愿望变成事实之后，才能对致富的方法有更深刻的认识。当他产生这个大胆想法的时候，他有没有立刻行动呢？没有。因为当时有两大难题：一是他并不认识爱迪生；二是他没有足够的车费去新泽西州的奥伦芝。

怎么办呢？这实在是太难了，足以让很多人心灰意冷，从而放弃这个愿望。然而，依靠强烈的意愿，伯尼斯实现了这个目标。

他想尽一切办法，终于来到了爱迪生的实验室，并与爱迪生成为同事。几年过去了，当爱迪生谈起与伯尼斯第一次见面时的情形说："他当时简直就像个无业游民，但他的表情告诉我：他已下定决心要得到他想要的东西。我的经验告诉我：如果一个人为了得到什么东西，可以付出任何代价，那么这个人一定会成功。于是我给了他这个机会，因为他有一种强烈愿望，一定要成功。他的成功证明了我的推断。"

年轻的伯尼斯来到爱迪生的办公室，开始了自己的事业。原因是什么呢？当然绝对不是靠外表，因为那实在是太糟糕了。归根结底在于他的思想：意识决定一切。

初来这里，他没能和爱迪生建立起合作伙伴关系，只是获得一份工资很低的工作。但不可否认，这是一次机会。

几个月过去了，伯尼斯的思想发生了巨大的变化，因为他确定的那个"明确的主要目标"没有丝毫进展。但是这丝毫没有动摇他的信念，反而使他的愿望更加强烈。他一直在努力。

某心理学家说过，当一个人真的想去做一件事时，这件事自然就会实现。伯尼斯的愿望没有变，并始终在为此做着积极的准备，直到成功为止。

他从不怨天尤人，从没想过改变最初的想法，转做别的事情，反而自信地说："我是为了和爱迪生共事而来的，这个目标一定要实现，哪怕是耗费我一生的精力！"人们只要给自己确定一个目标，并且愿意付出全部，那他们一定会有意想不到的收获。

这个道理对于年轻的伯尼斯来讲，或许他不明白，但是他有着一种顽强的意志力。他始终坚守着起初那美丽而又纯真的愿望。他不缺乏毅力，并相信只要持之以恒，去克服每一个困难，战胜每一个挑战，就一定会有收获。

机会终于来了，出现的方式让伯尼斯感到震惊。

爱迪生发明了一种当时称之为"爱迪生口授机"的新办公用具。发明之后要推销出去，可他的销售人员认为这种机器不会有销路。面对这具模样古怪的机器，伯尼斯却很清楚地意识到机会来了！

他认为自己能把爱迪生的口授机销售出去，于是向爱迪生提出请求，并且获得准许。通过努力，他不仅卖出了产品，而且卖得相当不错。因此，爱迪生与他签订合约：全权由他负责口授机在全国的销售。伯尼斯变成了富翁。然而更重要的是，伯尼斯证明了一个人只要敢于开启财富的大门，就一定能够走进去。

伯尼斯起初愿望的财富是多少我们无法知晓，也许是200美元或300美元的收入就可以了。不管是多少，相比他拥有的巨大的智慧财富，那就显得微乎其微了。他的智慧财富就是，积极思考，配合绝对的原则，并付诸行动，就能转变成物质财富。思考让他创造了辉煌的人生。

伯尼斯一开始什么都没有，后来拥有了一切。原因何在？是他敢于开启致富之门，敢于使自己成为伟大的爱迪生的商业伙伴。胆量和机遇让伯尼斯获得了巨大财富。

通往富裕的首要条件

在追求财富的过程中，倘若我们能采用一种"独特视角"来审视问题，便能携手宇宙间无形的力量，共同孕育出连绵不绝的财富之泉。这种"独特视角"，实质上就是人类所独有的创新性思维。创新性思维，作为财富的源泉与动力，它赋予我们挖掘潜在价值、开创财富新径的能力。因此，我们皆应致力于培养并运用这种创新性思维，让它成为我们致富道路上的明灯，引领我们前行。而这一切的起点，正是坚定的信念，它为我们奠定了坚实的基础，让我们在致富的征途中更加稳健有力地前行。

所谓"创新性思维"就是一种创新的想法或思维方式。很多人都把创新性思维想象成电话的发明、小说创作或是其他东西的发明。当然这些都是创新的产物，但并不是每个行业或是每个人都可以创新的。

那么，具体来说，究竟什么是创新性思维呢？

一个贫困的家庭制订出一项计划，让孩子进入一流的大学读书，这就是创新性思维；一个家庭想办法将附近脏乱的街道变成邻近最美的地方，这也是创新性思维。

《伊索寓言》里的一个小故事给我们解释了什么是创新性思维：

一个暴风雨的日子里，有一个穷人到富人家行乞。

"滚开！"富人对穷人说，"不要来打搅我们。"

"我只要把我的衣服在你家的火炉上烘干就可以了。"穷人哀求道。富人认为这不需要自己花费什么，就让穷人进去了。这个可怜的穷人，请求厨娘给他一口小锅，这样他就能够煮点"石头汤"喝。

厨娘很惊讶地问道："石头汤？我从来没听过有这种汤，不过我想看看你是如何用石头做汤的。"穷人便把路上捡到的一些石头洗净后放在锅里煮。

厨娘说："你最好放点盐、蔬菜、肉在汤里吧！"

最后，这个可怜的穷人把石头从锅里捞出来，美美地喝了一锅肉汤。

倘若这个可怜的穷人对富人说："行行好吧！请给我一锅肉汤喝吧！"那他肯定连水都喝不到。可见，只要有了创新性思维，并展开行动，就有机会成功。

所谓的创新性思维就是找出新的改进方法，并想方设法去实现它。很多事情能成功的原因，在于能够找出更好的方法。

怎样才能培养创新性思维呢？

培养创新性思维的关键在于要相信自己能把事情做成。只要有了这种信念，就能使你的大脑持续运转，去寻求做好这件事情的方法。我曾经在一个培训班上询问班上的学员："你们有多少人觉得我们能够在30年内废除所有的监狱？"

学员们显得很困惑，有的怀疑自己没听明白。一阵沉默后，我又重复道："你们有多少人觉得我们可以在30年内废除所有的监狱？"

过了几分钟，终于有人站起来反驳："你的意思是要把那些杀人犯、抢劫犯以及强奸犯全部释放出来吗？难道你不知道这样做会出现什么样的后果吗？不管怎样监狱是不能被废除的。"

于是大家开始纷纷地议论起来：

"社会秩序将会得不到安宁。"

"应该严惩这些坏人。"

"倘若可能的话，还要设更多的监狱呢！"

"不知你看到今天报纸上报道的谋杀案了吗？"

大家都各自说出了不能废除监狱的理由。我接着又说："现在，我们先不怀疑可以废除监狱这件事。倘若可能的话，我们应该怎样着手呢？"

"我们可以成立更多的青年活动中心来减少犯罪。"

就这样，那些开始还持反对意见的人，热心地参与讨论了。

"首先要消灭贫穷，大部分的犯罪都来源于低收入的阶层。"

"给那些有犯罪倾向的人做心理辅导。"

这些学员总共提出几十种大胆的构想。

这次讨论，让我们知道这样一个事实：当你认为某些事不可能做到的时候，你的大脑就会显现出各种做不到的理由；然而，当你想让某一件事情办得到的时候，你的大脑就会出现各种做得到的方法。

创新性思维有以下几个特点：

一是有独创性。一个具有创新性思维的人，在思路的探索上、思维的方式方法上、思维的结论上，都独具慧眼，能够提出新的方法，寻找新发现，实现新突破，更具有开拓性和独创性。而常规思维是遵循现存思路和方法进行的一种思维，重复前人、常人过去已经进行的思维过程，思维的结论属于现成的知识范围。

生活中时常会出现新的问题和新的情况需要去解决，这就要求我们要有创新性思维。

在我们周围有两种人，一种是直接接受现有的知识和观念。这种人总是思想保守，安于现状。他们对生活无热情更没有创新。另一种人则注意观察和研究新事物，勇于突破传统观念的束缚，敢于不断地向困难挑战，积极探索新的方法。这种人是值得我们学习的。

二是灵活机动性。创新性思维从来不被固定的方法所限制，它是独立的思维框架，具有灵活多变的特点，属于创造性的思维活动，并伴随着"想象""直觉""灵感"等非规范性的思维活动。所以，它具有很大的灵活性、随机性，它会随着时间、地点等因素的不同而变化。而常规性思维则缺乏灵活性，总是按照固定的模式思路进行。

三是风险性。创新性思维的关键是创新突破。这没有前车之鉴，没有任何成功的经验能够套用，是在没有任何思维痕迹的路线上来实现的。所谓创新性思维的风险性就是并不能保证每次创造出来的结果都能成功，也许失败，也许毫无成就。但无论结果怎样，它都具有重要的认识论和方法论意义。因为就算它的结果不成功，也向后人提供了少走弯路的教训。而常规性思维似乎没有什么风险，但它存在着根本缺陷，那便是不能为人们提供新的启示。

人们为了提高认识能力，应当想尽各种方法去探索、去剖析对未知事物的认识。学会运用创新性思维去思考一些问题，这些思维能够不断增加人类的知识总量，让你认识更多的新事物，为实现自己"幸福乐园"的梦想创造条件。

人类需要认识未知事物，从而为人类的实践活动开辟新领域、打开新局面。一旦没有创新性思维，没有探索精神，就不能提高人的认识能力，人类社会也就不会再发展和前进，甚至可能会陷入倒退的局面。

我认为每个人都应该有创新性思维。人若要有所作为，只有通过创造才能发挥出自己的聪明才智，才能体会到人生的真正意义，体现人生价值。若能将创新性思维在实践中好好应用，将会获得更多的方法去实现人生价值。

有一些人认为创新并不那么容易。其实不是这样的，创新有大小之分，并且内容可以丰富多彩，不受限制，在生活中任何事情都可以创新。目前有很多人都在进行创新活动，不管是生活中、事业上，随处可见创新思维迸发出的火花。人们在奋斗过程中，就需要具备创新思维。创新无止境，人类的幸福也没有终点，因为人类的幸福就是一个不断创新的过程。

英国著名哲学家戴思是这样阐述创新和幸福的关系：幸福来源于创新。苏联教育家苏霍姆林斯基也认为：创新是生活中最大的乐趣，幸福是在创新中诞生的。他在《给儿子的信中》曾说："生活的乐趣是什么？我认为，它是寓于与艺术相似的创造性劳动之中，寓于高超的技艺之中的。倘若这个人热爱自己的事业，那么他肯定会从他的事业中得到很多美好的事物，而生活的伟大也就寓意于此。"由此可以看出创新与幸福的关系是多么紧密。

我们每个人都知道幸福是产生在物质生产和精神生产的实践中，由于感受到所追求目标的实现而得到精神的满足。怎样才能实现这样的满足呢？要靠劳动、靠创造。而人们的需要是持续发展和提高的，低层次的需要满足了，还有高层次的需要。只有不断地创新才能实现对幸福的追求，同时社会才会进步。

世界上因创新性思维而成功的人不计其数。法国的一位美容产品制造师——伊夫·洛列，就是靠经营花卉发家的，在一次新闻发布会上，他深有感触地说："我之所以能有今天的成就，多亏了卡耐基先生，在他的课上我学会了一个秘诀。一开始我对这个秘诀没有足够的认识，甚至多次与它擦肩而过。而现在我要说出这个秘诀：它就是创新性思维！"

很早以前，伊夫·洛列就开始从事美容产品生产，短短 20 年内，他已经在全世界拥有 960 家店铺。而且他生产的美容产品多次获得化妆品之冠的荣誉。伊夫·洛夫是怎样成功的呢？

当伊夫·洛列还是一个年轻小伙子的时候，一次偶然的机会，他从一位女医师那儿得到了一种专门治疗痤疮的特效药膏秘方。这个秘方的内容使他产生了浓厚的兴趣，于是，他依据这个秘方，研制出了一种植物香脂。一开始为了打开市场，伊夫·洛列亲自上门去推销这种产品。

突然有一天，洛列灵机一动，为何不在《这儿是巴黎》杂志上刊登一则介绍自己商品的广告呢？倘若再在广告上另附有为顾客免费送货上门的条款，说不定促销产品会更有成效呢！

没过多长时间洛列获得了意料之外的成功，正当他的朋友还在为他所付出的巨额广告投资惴惴不安时，他的产品在巴黎开始畅销起来。在当时没有人会用植物来制造美容产品，更不用说在这上面投资了，而洛列却反其道而行之，并对植物产生了一种奇特的迷恋之情。在很短的时间里，洛列采用各种营销方式和独具创新的邮售方式，将 70 多万瓶美容霜卖了出去，这再一次让洛列获得了成功。现在，邮购商品对我们来说已经很熟悉了，但在那个时代，这一方式很难行得通。

洛列的成功全都依赖于他所具备的创新性思维。不久后，洛列在巴黎奥斯曼大街上开办了第一家商店，开始自产自销美容产品。

洛列还对他的每一位职员说："我们的每一位顾客都是上帝，你必须像对待上帝那样为其进行服务。"为了贯彻这个宗旨，他首创了邮购的营销方式。令人惊奇的是，公司的邮购业务几乎占到所有订单的50％。

邮购的手续很简单，顾客只需将地址填妥就可加入"洛列美容俱乐部"，并会在很短的时间内收到样品、价目表和说明书。对那些因工作繁忙而没时间逛街购物的人来说，这种销售方式尤为方便。两年后，全球通过邮寄从俱乐部订购产品的妇女已达上亿人次。

洛列的公司每年收到 8000 余封函件。有的为公司提出合理化建议，有的甚至寄来照片和亲笔签名。公司的回复函里往往也告诫订购者：美容霜并不是万能的，有节奏的生活是最好的化妆品。这样一来，顾客和公司便建立了固定的联系。公司还把 1000 万名女顾客的信息做成卡片，在她们的生日或重要节日时，公司都会送上小礼品以示祝贺。现在公司已成为国内外知名的企业，年收入超过数亿。正因为洛列不断使用创新性思维，才找到了成功的契机。

洛列的经历告诉我们："如果你想迅速致富，那么请别在人群中拥挤了，去另辟一条捷径吧！"

充实你的生命，从财富开始

我们必须正视一个现实：许多人在日常生活中未能充分把握生命的宝贵，缺乏积极向上的动力，任由自己陷入困顿的泥沼。我们无权让这有限的生命在碌碌无为中逐渐消逝，最终只留下遗憾。追求财富，实则是对一种更加充实、精彩人生的深切渴望，它象征着对更高质量生活的不懈追求。

因此，对自己及他人最负责任的做法便是：全力以赴地挖掘自身潜力，不仅要在个人层面上实现自我价值，也要在更广阔的社会舞台上留下自己的足迹，为社会贡献一份力量。这意味着，我们应当勇于挑战自我，持续学习成长，用实际行动去书写属于自己的精彩篇章。

在现实生活中，流传着一种极其消极的观念，它错误地将我们所经历的贫困与苦难视为上天的刻意安排，仿佛唯有通过这些磨炼，我们才能更加虔诚地服务于神灵。然而，在此刻，借由这本著作的力量，我恳切地向所有读者发出呼吁：让我们共同摒弃这种陈腐而消极的思维方式。

真正的神明，其仁慈与伟大之处在于对世间万物的深切关怀，而非冷漠地旁观众生的苦难。他绝不会乐于见到人们长期沉沦于贫困与困顿之中，更不会允许宝贵的生命在无尽的挣扎中逐渐消逝，直至走向终结。相反，他期望我们每一个人都能拥有改善生活的力量与勇气，去追求更加光明与美好的未来。

因此，我们自身，以及我们深爱的家人，无论是年迈的父母还是年幼的子女，都应当坚决摒弃那种将贫困神圣化的错误观念。我们应当相信，通过不懈的努力与奋斗，我们完全有能力改变自己的命运，为自己及家人创造更加幸福的生活。

同时，我们也应当时刻铭记，对神灵的敬仰与侍奉，并非仅仅体现在对苦难的忍受与顺从之上，更在于我们如何以积极向上的态度去面对生活，以实际行动去传递爱与希望。

美国实业家罗宾·维勒的成功秘诀是：永远做一个不向困难低头的人。通过下面的事例，我们知道罗宾·维勒的言行是一致的。

罗宾以前经营着一家小规模的皮鞋工厂，仅有十几个雇工。他很清楚自己的工厂规模小，要挣到大钱是不容易的。资本少、规模小、人力资源又不够，无论从哪一方面都不能和强大的同行相抗衡。

罗宾面前摆着两条路：一条路是要想让自己的产品比别人的好，

就要提高鞋料的成本。然而在目前的状况下，自己的成本原本就不比别人的低，再提高成本，就只能亏本了。因此，这条路现在根本行不通。

还有一条路是在鞋的款式上下功夫。只要自己能够做出新花样、新款式，不断变换、不断创新，就能够打开一条新的出路。罗宾认为这个主意很好，并决定走这条道路。

随后他把工厂里的员工召集在一起商议皮鞋款式改革，并要求每个人都要设计一种新款式。罗宾还特设了一个奖励办法：一旦设计出的样式被公司采用，可得到 150 美元的奖励；若是通过改良被采用的，奖励 100 美元；就算没被采用，但别具匠心仍可获得 50 美元。号召很快地被响应，没过多久新设计的 3 款鞋样便试行生产了，当然这三名设计者也得到了应得的奖励。

第一批生产出的产品，被送往各大城市推销。这些新设计的皮鞋一上市就受到众多顾客的喜爱，没过多久便被抢购一空。

两个星期后，罗宾的工厂便收到了 2700 多份订单，这使得工人们加班加点工作。生意越做越大，公司在原来的基础上，扩充成规模庞大的工厂了。

不久，危机又出现了，皮鞋工厂规模扩大，开始缺少做皮鞋的技工。没有工人，就不能生产那么多的皮鞋，这件事令罗宾非常头疼。他接了不少订单，若在规定的期限内交不上货，那么他将赔偿巨额的违约金。

罗宾为此煞费脑筋。但他坚信，三个臭皮匠顶个诸葛亮，众人协力，一定可以把问题解决。为此他召开了一次紧急会议，罗宾在会议上把目前的形势告诉大家，并希望大家一起想办法解决。于是大家都为此出谋划策。很快，一个不起眼的毛头小子举起了右手，在罗宾应允后，他站起来发言："罗宾先生，没有工人，我们可以用机器来造皮鞋。"

罗宾还未表态，下面就有人嘲讽说："小子，用什么机器造鞋呀？你能给我们造一台这样的机器吗？"毛头小子被嘲讽之后就不敢说话了。

这时罗宾却走到了他的身旁，把他请上主席台，朗声向大家宣布："诸位，这孩子的想法很好，尽管他还造不出这种机器，但这个想法很关键，很有用处。只要我们沿着这个思路想下去，问题肯定会很快解决的。我们要发展，就要不断地创新，现在我宣布这个孩子将获得3000美元奖金。"

过了4个多月，通过大量研究和实验，制鞋机器被造出来，罗宾的皮鞋工厂中很大一部分工作被机器取代。创新，是经营者致富的捷径，企业家之间的竞争总是体现在这上面。若要在商界处于不败之地，那就必须独具创新开拓的精神，这样才能获得胜利。

曾经有这样一则故事：

在很多年前，一位年长的医生驾着马车来到一个小镇。他悄悄地走进一家药店，和一个年轻的店员秘密谈着一桩生意。过了很久，店员跟着医生走进马车，带回一个老式大铜壶，经过一番检查，他把所有的积蓄都给了这位医生。年长的医生给店员一张写了配方的小纸条。他们都不知道这个配方能创造多大奇迹。

后来，店里来了一位漂亮的姑娘，她品尝了铜壶中的饮料后，居然赞不绝口，再后来，这位姑娘便嫁给了年轻的店员。更有趣的是，他们用那个年长的医生留下的配方生产了大量饮料，创造出巨大财富。这种饮料就是当今风靡全球的可口可乐。这个店员的行为其实就是一种商业直觉。

皮尔·卡丹第一次展出各式衣服时，由于人们对服装的刻板印象，认为参展似乎是在参加一次葬礼,纷纷指责他的行为倒行逆施。结果,雇主联合会把他除名了。不过多年之后,他在服装界的地位大大提升。后来,皮尔·卡丹举行了一次别开生面的借贷产销会,时装行会对他的这一举动不可思议,再次将他抛弃。可在三四年之后,他又一次东山再起,还被时装行会聘为主席。

就这样,皮尔·卡丹的产业规模日益扩大,产品不仅有鞋和帽子,还有一些服装,并且开始向国外扩张,在欧洲、美洲和日本获得许可。规模扩大后,他又转向家具设计,再后来,他拥有了自己的银行。

在一次法国的时装展示会上,皮尔·卡丹展示了 30 年来他设计的妇女时装。尽管已过去多年,这些时装仍显出强大的生命力,并没有落伍。

随后,皮尔·卡丹又以 150 万美元的价格从一个英国人手里买下了马克西姆餐厅,这一举动引起了全巴黎轰动。这家坐落在巴黎协和广场的餐厅已有多年的历史,当时濒临破产,毫无前景可言,很多人对他这一举动不理解,人们都不相信这位奇才真有魔力让这家餐厅东山再起。

然而,三年后,马克西姆餐厅竟真的重放异彩,不但恢复了过去的繁荣,还将其影响扩大到整个世界。马克西姆餐厅的分店不仅在纽约、东京安了家,也在里约热内卢和北京落了户,如今在世界各地的家庭餐桌上,都能见到马克西姆商标的食品。皮尔·卡丹终于实现了他的诺言:让烹饪和时装遍布世界。

现在皮尔·卡丹的事业在不断地壮大,他的企业遍布全球,法国就有 17 家,全世界 110 多个国家的 540 个厂家持有他颁发的生产许可证。在全球他拥有 840 个代理商,有 18 万职工在为他生产"卡丹牌"或"马克西姆牌"产品,全年的营业额为 1000 亿法郎。皮尔·卡丹也因此成为法国十大富翁之一。

财富是被你吸引来的

我们在追求财富的时候，常常会产生一种错觉，就是一个普通人要想获得财富十分不容易。事实上，如果你知道了财富的真谛，明白了财富的真正意义，就会了解财富是会被你吸引过来这个法则。这就是那些越是富有的人越是能积累更多财富的原因。

那么，财富如何才能被人所吸引呢？

积极思考，充满爱心，热忱工作，财富就会滚滚而来。所谓积极思考，就是拥有创新性思维，不墨守成规，敢于创新，把想象力和创造力充分地展示出来，从而产生创意，带来意外的收获。

充满爱心，爱社会、爱环境、爱亲人、爱朋友、爱自然。给予是爱的最自然、最真诚的表达。一个人只有胸怀爱心，其灵魂才是真正快乐的，但贫穷会扼杀一个人的爱心，会阻碍他去表达爱，会损害他爱的能力。为此，积累财富、拥有财富才能真正地施与爱。

财富被人吸引最重要的是需要我们热忱工作。这是任何一个人获取财富最直接的方法。热忱是一种品质，一个热忱的人，无论干什么工作，他都会怀着浓厚的兴趣，认为自己的工作是最好的，无论他从事的工作是难是易，是贵是贱，他都会充满热情地去实践。

爱默生曾说过："有史以来，任何一件伟大的事都需要热忱作为精神支持。"对自己的工作充满热忱的人，他会竭尽全力地去努力，不论他遇到多大的磨难，都会以积极的态度去面对。只要抱有不骄不躁的态度，任何事都会达到目的，取得成就。

我想告诉你们，热忱作为一种品质，不仅可以激励一个人对工作采取行动，而且，热忱还具有感染力，不只是对充满热情的人会产生较大的影响，还会对周围的人产生影响。

如果把热忱比作蒸汽机，那么，人类就是火车头，没有了热忱，人类的一切行动就将没有动力。一个人若是具备了热忱，那么他的创造力就会得到巨大的发挥。人类的伟大领袖一般都是那些知道如何去鼓舞追随者发挥热忱的人。热忱也在推销中得到应用，有了热忱，推销才有可能获得成功。

如果在工作中充分发挥热忱的作用，你的整个身体将充满活力，便不会觉得工作辛苦或单调。有时睡眠时间不到平时一半，工作量是平常的两倍或三倍，都不会觉得劳累。

热忱不是一种空无的精神，而是一种确实存在的重要力量，拥有了它，将会带来实实在在的好处。没有它，你将寸步难行。热忱是内心中一股巨大的动力，你可以用它来补充身体的精力，它也能帮助你形成一种坚强的性格。有些人的热忱是与生俱来的，但有些人则必须通过努力才能得到。

一天，我家来了一位推销员，他向我推销一种叫作《周六晚邮》的杂志，他希望我能订阅一份。他把杂志送给我，我大概地浏览了一遍之后，他对我说："你不会为了帮助我而订阅《周六晚邮》的，对不对？"

结果你可能想到了，我拒绝了他。因为推销员的话根本不具有说服力，而且他的话很轻易地就能够拒绝。因为他的话缺少热忱，他的面部表情也是阴沉和沮丧的。

有一点可以肯定的是，他急需从我的订阅费中赚取他的报酬，但他没有一点吸引力，因而也打动不了我，我没有听到任何可以打动自己来接受这份推销的理由，因而，这笔生意就以失败告终了。

几周后，我家又来了一位推销员，同样也是推销报纸杂志的，推销的报纸杂志一共有六份，其中一份就是《周六晚邮》，但她的推销方法与前者完全不同。

她一进门，看到我的书桌上摆着几本杂志，她只瞟了一眼，便把目光迅速收了回去，这一动作是很难被察觉到的。她朝我笑了笑，说了几句例行的介绍话语之后，将目光重新又放在了我的书桌上，惊奇地说道："啊！我能够想象，你是一个非常喜爱读书的人，而且对各种杂志也很喜欢！对吗？"

我顺着她的目光望去，接着笑了笑说："是啊！"这样一来我很骄傲地接受了这份"夸奖"，因此，对这位推销员也颇有好感。当推销员走进来时，我正拿着一份文稿，于是，我放下文稿，看着她，想知道接下来她要说些什么。

这位女推销员用了短短一句话，加上一个愉快的笑容，还有真诚热忱的语气，成功地将我的工作中断了，而且我的注意力也已经被她吸引住了。她用短短几句话就勾起了我的兴趣，完成了推销最困难的一步，因为在她走进书房时，我已经做好了应付的准备：下定决心不受她的干扰，也绝不将手中的文稿放下，用这个动作向推销员暗示，以表示礼貌地回绝。事实上我真的很忙，不希望被她影响。

我本人也是一个推销学的研究者，平时对此也很留意。当我想好了应付她的办法后，密切注意着女推销员，看她怎样面对这一情况。当她抱着一大堆杂志走进书房时，一般人会认为她肯定会将它们展开，逐一让我看，滔滔不绝地向我介绍，促使我把这些杂志订阅下来，但是她没有这样做。

她径直走到书架前，拿出一本爱默生的论文集。接着，她看到里面一篇爱默生所写的关于报酬的文章，便开始津津有味地不停谈论，她的谈论竟让我忘记了她只是一名推销员。她在言谈中，阐述了她的许多个人观点，这些观点是新颖的、独特的，很有个人见解，让我都觉得受益很多。

然后，她突然问道："先生，你定期都订阅哪些杂志呢？"我则毫不隐瞒地向她说明。她仔细听了之后，微微一笑，将她先前拿来的那些杂志摊放在我的书桌上，开始介绍她的杂志，还向我说明了订这些杂志的必要性，《文学书摘》可以让人欣赏到最纯朴的小说，《周六晚邮》可以提供简要新闻，这些可以为像我这样的大忙人提供方便及时的新闻检索；《美国杂志》则介绍了工商界领袖人物的最新生活动态。

我对此并未有非常强烈的反应，她接着又暗示说："你是有学问的人，一定要了解很多新闻，你的知识必须丰富才行，不然，将会影响你的工作，甚至声誉。"

她的这番话是很有道理的，我认为这并不是她单纯地要恭维我；她的话，也有一定的谴责作用，我听后，真有些惭愧。这一效果的实现，得益于这位女推销员对我所读书籍的认真观察，通过对我平常所读书籍的一番调查之后，她发现这六本杂志是我所没有的。

"订阅这六份杂志一共需要多少钱？"我问，但马上便意识到说溜了嘴，不再说话了。推销小姐灵机一动说："这六份的总价钱还没有你手中那张稿纸的稿费高呢。"

她怎么知道我的稿费是多少呢，这便是这位推销员的聪明之处。她进入我的书房，便看到书桌上放着一沓稿纸，这是她刚进我的家门时，看到我将其放到桌面上的。这样，她就通过诱导的方式让我问出这六份杂志一共需要多少钱的问题。

最后，她带走了我订阅这六种杂志的所有订阅费。正是她的热忱与机智帮她完成了最初的目标。女推销员的聪明之处在于她在我家进行推销时，并未让我感觉到订杂志是在帮她的忙，相反，是在帮我自己。这种暗示是极为巧妙的。

她一进入我房间时的那段开场白，就让我感受到了她的热忱。而她最为高明的地方，是她具有独特的观察力，能在较短时间内从客户的现有环境中，找到吸引客户注意力的事物。

两位推销员截然不同的工作态度，导致了迥然相异的结果，第一位推销员缺少热忱的态度，既没有完成工作任务，也没有获得工作报酬。第二位推销员仅仅因为积极热忱的心态，就收获不菲，财富自然也被她吸引过去。

培养热忱的过程十分简单。首先，你从事的工作，一定要是你所喜欢的，是你乐意去做的。如果你因某些特殊情况无法选择你喜欢的工作，那么你能够通过其他的方法来培养，这种有效的方法就是，你的奋斗目标必须是你喜欢的工作。

也许你会因为资金缺乏及其他你无法克服的环境因素，从事你并不喜欢的工作，但这也无法阻止你决定自己一生所要追求的目标，也没有任何人能够阻止你将目标变为现实，将你的热忱投入具体行动中。

热忱是一种潜在的巨大能量，能够帮助你走向成功。

在评估一个人的时候，首先要看这个人是否具有热情，考量这个人拥有多少热情，这是非常重要的，其次才看才干和能力。原因何在呢？因为拥有了热情，就等于拥有了克服困难的勇气。

倘若你没有能力，但你具有热情的话，你能够将有才能的人聚集在一起，开创一片天地。倘若你没有资金或设备，但你可以用你的热情去说服别人，也许你的梦想就会在他们手中变为现实。

成就的取得源自热情提供的巨大能量。一个人成功的热忱和热情越强，那么他的意志力将会越强，他成功的可能性就越大。

拥有热情的人对工作保持一种积极的状态。热情能够使人 24 小时持续地思考一件事，甚至连睡眠时都会念念不忘。实际上，24 小时不间断地思考问题是不太可能的，然而有这种坚持不懈的专注精神是极为重要的。这种专注精神将使人的欲望进入潜意识中，使得人在任何状态下都能集中精力。

热情还有助于将人潜意识中的巨大力量释放出来。从意识上讲，平常人的意识是比不上天才的。但是，一些心理学家的研究成果表明，潜意识的力量要比意识的力量大得多。例如你们公司急需一批人才，可能一时半会很难找到。但是若能将现有的一批人才加以利用，发挥其潜意识的力量，也能创造奇迹。

热忱也是单纯的，不能有丝毫的杂质，才可以让成功变为现实。出于贪婪或自私的热忱对于成功则是无意义的，成功建立在这种热忱上，也只会是昙花一现。如果任何人都以自己为出发点，那么，热忱也许一开始会让你尝到成功的喜悦，但最后你得到的可能是失败的结果。

要想取得成功，最后一步还是要看在潜意识中，欲念是否能被控制。要根除自私自利与贪婪对于我们这些普通人来说是很难的。对于这一点，我们也不要过分自责，因为这种自私自利的欲念是与生俱来的，不可能完全将其驱除。然而，我们可以试着控制这种欲望，减少它对我们的影响。

倘若一时无法做到，至少应该将工作的目的转移，可以试着去思考：我们工作的目的，不仅仅是为了自己，更是为了他人。这样想，我们的工作重心就会从自己身上转移到他人身上，那种以自我为中心的欲念就会变得淡薄，我们就能够用一颗单纯的心去面对事业，前进的道路就会充满希望，而且成功的可能性也会变得越来越大！

感恩铺就财富之路

若我们以一颗充满感恩的心去审视周围的一切，便会收获更多的感恩回馈。这份由衷的感谢之情，如同桥梁，连接着我们与世间万千美好，吸引它们悄然靠近。感恩，是一种难能可贵的品质，值得我们将其内化于心、外化于行，使之成为生活中不可或缺的习惯。当我们习惯在每一个瞬间都心怀感恩时，幸福之门也将因此而为我们敞开得更加宽广。

感恩的心态总是与世间最珍贵的元素紧密相连，引领我们往更加美好的方向迈进。当生活中的美好降临，我们内心若充满对上苍的感恩之情，往往会发现收获也随之倍增。反之，缺乏感恩之心的人，难以维系坚定的信念，没有这份持久的信念，便难以通过创新实现富足。

因此，养成感恩的习惯至关重要，它要求我们在日常生活中保持一颗感恩的心。这样的心态会孕育出真诚的愿望，这些愿望进而转化为自信的预期，而自信的预期又在强烈的渴求中不断得到加固。愿望是内心的感觉，自信的预期是思想的展现，而坚定的渴求则是意志的体现。这三者相互交织，共同铸就了辉煌成就的坚实基石。

当你得到了梦寐以求的财富时不要忘了感恩，当美好的事物来临时，我们在头脑中越感激上苍，得到的就会越多。作用力和反作用力总是相等的，只是方向相反而已。道理很简单，你对上苍的感激其实就是一种力量的释放，它会达到你指定的地方。你态度越坚定越持久，无形物质的反作用力就会越强烈越持久，就越能获得自己想要的东西。

人的一生要有许多发自内心的感恩，有些恩德可能一辈子也报答不了，甚至是无法报答、无须报答的，但是我们需要在内心深处永远怀着这样一颗感恩的心。

许多人长期陷于贫困的境地，其中一个深层的原因便是他们缺失了最本质的感恩之心。这种情况下，即便有幸获得他人的援手与帮助，他们也因缺乏感恩之心而未能珍惜这份情谊，最终与援助者渐行渐远。这种断裂的联系，往往也切断了他们改变命运、迈向富足生活的宝贵机遇。因此，缺乏感恩不仅阻碍个人情感的交流与深化，更可能成为阻碍人生进阶的无形壁垒。

我们应当明白，心怀感激，将吸引更多值得感激的东西。感激的力量是无比强大的，它如同一股清泉，滋养着我们的心田，使我们的思维与世间一切美好产生共鸣。它仿佛拥有一种魔力，能够将那些我们梦寐以求的财富与幸福悄然吸引至身旁。

这份感激之情，不仅让我们的思想保持健康与活力，还使我们的心灵与宇宙间的正能量紧密相连，仿佛开启了通往成功与富有的神秘通道。回顾过往，我们所获得的每一份财富，皆是遵循着某种"财富法则"的指引而来，而今，感激之心将继续作为我们的灯塔，引领我们在正确的致富之路上稳步前行。

在感激的照耀下，我们的创新性思维得以自由驰骋，彼此和谐共鸣，而那些可能阻碍我们前进的竞争思维，则悄然退却，无迹可寻。我们的心胸因感激而变得宽广无垠，能够以更高的视角审视世间万物。一切挑战与困难，在我们眼中都将化作成长的契机与财富的源泉。

这份感激能够赋予我们积极乐观的心态，使我们能够正视现实，拒绝被"财富有限"的狭隘观念束缚。在致富的道路上，这一转变无疑是最宝贵的财富，它会帮助我们清除最大的心理障碍，让我们更加坚定地迈向成功的彼岸。

人们在追求金钱、权力、健康与富足的过程中，往往忽视了因果循环的深刻道理，即善因方能结出善果，一切收获都需付出相应的努力与代价。许多人过度将焦点放在外在世界的追逐上，却忽略了内在世界的修行与成长，这常常是他们未能如愿以偿的关键所在。

真正智慧的人，懂得将目光投向内心，寻求真理与智慧。他们明白，真正的力量与富足源自内心的觉醒与成长，而非外在物质的堆砌。通过不断的学习、反复的实践，他们逐渐认识自己创造理想生活的潜力，并学会将这份力量转化为对现实世界的积极改变。

在遭遇失败与挫折时，保持一颗感恩之心尤为重要。感恩能够让我们以更加平和与积极的心态面对困境，吸取教训，不断前行。同时，坚守信念、明确目标，并以成功者的心态去努力做好每一件事，这种持续的努力与坚持，终将引领我们走向成功的彼岸。

记住，无论目标在当下看来多么遥不可及，只要我们保持信念、心怀感激、持续努力，总有一天会将其变为现实。因为，正是这些内在的力量与品质，铺就成我们通往成功与富足之路的坚实基石。

缺乏感激之情如同心灵的荒漠，让人的世界变得灰暗无光。当我们心中缺乏感激，就容易陷入消极与不满的漩涡，对周围的一切失去欣赏与接纳的能力，变得挑剔与苛责。这种心态不仅让我们难以感受生活中的美好，还会逐渐侵蚀我们的心灵，让我们对他人的成功与富足产生嫉妒与敌视，进而阻碍我们自身的成长与进步。

任由这种腐朽的思想占据头脑，无疑是在自毁前程。它不仅会剥夺我们致富的机会，还会让我们在琐碎、消极、狼狈和肮脏的生活中越陷越深,难以自拔。更糟糕的是,这种消极的思想会不断向宇宙能量传递负面信息,吸引来更多的不幸与困难,形成恶性循环,最终可能招来我们无法承受的重负。

因此,我们必须时刻保持一颗感恩的心,学会欣赏生活中的每一份美好,珍惜身边的人与事。感激之情能够净化我们的心灵,让我们以更加积极、乐观的态度面对生活中的挑战与困难。同时,它也是我们与宇宙正能量连接的桥梁,能够吸引来更多的美好与幸福。

记住,感恩是心灵的阳光,能够驱散阴霾,照亮前行的道路。让我们从现在开始,学会感激,珍惜拥有,用一颗感恩的心去拥抱这个世界,相信美好的事物会不断出现在我们的生活中。

我们的心灵如同一块磁石,吸引着我们所关注与思考的事物。如果我们任由心思沉溺于阴暗与消极之中,我们的世界也将随之变得黯淡无光,错失那些本属于我们的美好与财富。因为,正是我们内心的想法与关注,塑造了我们所经历的现实。

相反,那些心怀感激之人,他们的心灵如同明镜,能够映照出世间万物的美好与光明。他们专注积极、向上的事物,用爱与善意去感知这个世界,从而激发出内在强大的创造力与吸引力。这种力量不仅让他们获得了物质上的富足与成功,更重要的是,他们的人格因此而变得更加完善与美好。

因此,让我们时刻提醒自己,保持一颗感恩的心,将注意力集中在那些能够滋养我们心灵的美好事物上。只有这样,我们才能真正地吸引来更多的美好与幸福,让自己的人生变得更加丰富多彩、充满意义。

当我们允许消极情绪占据头脑时,它们就像乌云一样遮蔽了我们的心灵,使我们难以看到生活中的阳光和希望。这些情绪不仅会消耗我们的精力和时间,还会逐渐侵蚀我们的意志和信念,让我们陷入无尽的困境之中。

而当我们能够心怀感激，对世界上的一切事物都抱有博爱之心时，那么我们就会与所有的积极事物保持和谐的联系。这种联系会吸引更多的美好事物来到我们身边，让我们的生活变得更加充实和幸福。

感激之情是一种强大的正能量，它能够激发我们内在的潜力和创造力，让我们更加积极地面对生活中的挑战和困难。当我们以感激的心态去看待世界时，会发现生活中充满了无限的可能性和机遇，而这些机遇正是我们实现梦想和追求幸福的关键所在。

让我们时刻保持一颗感恩的心，珍惜身边的一切美好事物，积极面对生活中的挑战和困难。相信只要我们心怀感激、积极向上，就一定能够创造出更加美好的未来。

遵循法则，采取行动

为了实现财富增长的梦想，首要任务是掌握并运用一种特定的法则来指导我们的思考与行动。这意味着，一旦脑海中浮现出某个想法或计划，我们应当立即采取行动，避免拖延的惰性侵蚀我们的决心。记住，行动的关键在于把握现在，而非空想着未来或沉溺于过去的遗憾中。即刻执行，让每一个想法都化作推动我们向前的动力，是通往成功之路不可或缺的要素。

在追求财富与成功的征途中，我们常常会发现，梦想与现实之间似乎横亘着一条难以逾越的鸿沟。然而，正是这条鸿沟，激发了我们内心深处对于改变现状、实现自我超越的渴望。为了实现致富的愿望，我们首先需要做的，便是学会以一种独特的法则来塑造我们的思维与行为模式。

这种特定的法则，并非一蹴而就，而是需要我们通过不断的学习、实践与反思，逐渐摸索确立起来。它要求我们在面对问题时，能够跳出常规的思维框架，以更加开阔和创新的视角去寻找解决方案。同时，在行动层面，这种法则也鼓励我们保持高度的自律与执行力，确保每一个想法都能迅速转化为实际行动，而不是在拖延与犹豫中使其逐渐消逝。

当我们学会了以这种特定的法则来思考时，我们的思维将变得更加敏锐和高效。我们不再被外界的喧嚣所干扰，而是能够专注于自己的目标和梦想，清晰地规划出实现它们的路径。同时，这种思考方式也将帮助我们更好地应对挑战与困难，因为我们已经学会了从多个角度审视问题，寻找最佳的解决方案。

在行动上，我们则应当秉持"即刻执行"的原则。这意味着，一旦我们有了明确的目标和计划，就要毫不犹豫地采取行动，将想法付诸实践。我们深知，时间是最宝贵的资源，任何拖延和犹豫都可能让我们错失良机。因此，我们选择了在当下就迈出那一步，用实际行动去证明自己的决心和能力。

行动是改变贫穷的关键所在，没有行动，一切都只是空中楼阁。通过行动，才拥有将计划和想法变成现实的机会，进而获得成功和成就感，实现自己的人生价值。

计划和想法，如花儿在心底绽放，只有行动，才能让它们绽放于世间；学习新知，犹如晨曦初露，付诸行动，方能日出东方；实现梦想，如风筝高飞，付诸行动，才不至于失重坠地。

然而，行动并非易事，它需要勇气与智慧相辅，也需要汲取力量与灵感。因此，在为计划和想法添彩之余，我们更要深谋远虑，在落地行动之际，我们更要奋发图强。

无论是学习新的知识技能，还是实现梦想和目标，付诸行动都是必不可少的一步。然而，很多人在计划和想法的落地上遇到了困难，因为他们缺乏付诸行动的勇气和能力。因此，需要认真思考如何践行自己的计划和想法，并努力付诸行动。

拖延是一种恶习，它会让我们陷入泥潭，动弹不得。它源于内心的恐惧，更出自对懒惰的依赖，唯有迈出勇敢的第一步，才能跨越羞涩和畏惧的阴影，摆脱纠结的束缚。也只有踏出那一步，才能掌握自己的命运，逐渐成长为更加自信和刚毅的人。

不要总等到万事俱备了才去行动，很多事情有时很难立即完备。倘若怀着完美的想法，进步的速度就会受到限制。想把害怕退缩的恐惧感赶走再行动，结果只会是把精神全部浪费在了消除恐惧感上。

自然是瞬息万变的，抓住当前，立即行动，是我们唯一应该去做的事。行动，常常能够使以前不完备的事慢慢变得完备，使不具备的条件变得具备。

在不安、恐惧的心态下仍勇敢前进，是克服神经紧张的最佳方法，能使人在行动之中获得活泼与生气，渐渐忘却恐惧心理。只要不畏缩、不迟疑，那么有了初步行动，就能带动第二次、第三次行动，如此一来，心理与行动都会渐渐走上正确的轨道。

请你向自己发布命令，并坚定地向着目标进发。因为只有秉持行动力和执行力，才能够实现自己的理想。就算有时候这些命令和自己的想法不一致，你也要坚定不移地遵从它们，因为这是为了你的长远利益。

你必须化繁为简、思维清晰地抓住每一次机会，以使自己早日实现宏愿。在这条充满挑战和艰辛的旅途中，不懈前进，超越自我，人生之路才会出现无限可能。

请不要把今天的事情推到明天，因为明天复明天，明天何其多。把事情推到明天，明天又会推到后天，这样下去事情永远也不可能完成。现在就行动吧！即使行动不会带来快乐与成功，但只要你已行动过，就不可能坐以待毙。

在行动的过程中，可能会遇到各种挑战和困难。但正是这些挑战和困难，铸就了我们坚韧不拔的品格和勇往直前的精神。我们学会了在挫折中寻找机遇，在失败中吸取教训，不断调整自己的策略和方法，以更加饱满的热情和更加坚定的步伐继续前行。

更重要的是，立即行动让我们更加珍惜时间和机会。我们深知，时间是不可逆的宝贵资源，每一个当下都是通往未来的桥梁。因此，我们不应让任何一分钟的浪费成为遗憾，而是要紧紧抓住每一个机会，全力以赴地去追求自己的梦想。

行动也许不会结出快乐的果实，但没有行动，所有的果实都将失去孕育的机会。现在是你的所有，明天则是为懒汉保留的工作日；现在是成功者的摇篮，明天则是失败者的借口。

我们渴望着成功、快乐和内心的平静，希望获得富贵的生活，但这些美好的愿望并不能靠空想实现，只能通过付出努力和行动来获得。如果你只是"口惠而实不至"，那么失败、不幸和失眠的日子就将永远笼罩在你的身上。

成功不会等待任何一个人，它只会给予那些勇敢、坚定且果敢行动的人以力量。如果你因为迟疑而犹豫不前，那么成功就会向那些拥有勇气和实干精神的人投怀送抱，而你只能在失落和痛苦中不断挣扎。

当别人认为已经太晚时，你会骄傲地看到大功将成。因为你知道，成功来之不易，需要经历很多艰辛和努力。但只要坚信自己、用心付出、不断努力，就一定能够实现自己的梦想。让行动给生命注入更多奋斗的意义，让行动带来希望和辉煌！

最终，当我们回望来时路，会发现那些曾经看似不可能实现的目标，都在我们不懈地努力和立即行动的推动下逐一变成了现实。这种成就感和自豪感，是用任何言语都无法完全表达的。而这一切的根源，都源自我们内心深处那份对梦想的执着追求和立即行动的坚定信念。

行动还必须讲求效益

在追求财富的道路上，我们应秉持一个核心理念：重质而非量。那些到达成功巅峰的人，往往是注重工作品质与效率的典范。实际上，每一次高效行动，都是对成功的一次有力诠释。倘若你能将高效行事作为一生的信条，并持之以恒，那么你的整个人生轨迹，无疑会被成功的光辉所照亮。

高效率，不仅仅是一个简单的词汇，还是智慧与决心的结晶，是通往梦想彼岸的桥梁。无论以前还是现在，时间都是最宝贵的资源。能够高效利用时间，意味着我们能在有限的生命里完成更多有意义的事情，实现更多的目标。

成功的人生，不是靠无休止的忙碌堆砌起来的，而是通过每一次精准而高效的行动积累而成。高效率的行动，让我们在工作中能够迅速抓住重点，避免无谓的浪费；在学习上能够深入浅出，快速掌握新知识；在生活中能够合理安排时间，享受与家人朋友的温馨时光。这样的生活方式，不仅让我们在物质上有所收获，更在精神上获得了满足与幸福。

当然，高效率并非一蹴而就，它需要我们不断地学习与实践。我们需要培养自己的专注力，让自己在面对任务时能够全神贯注；我们需要学会管理时间，合理规划每一天的日程；我们还需要保持积极的心态，勇于面对挑战与困难，不断激励自己前进。

更重要的是，高效率的行动需要我们有明确的目标与坚定的信念。只有当我们清楚自己想要什么，并为之付出不懈地努力时，我们的行动才有意义、有价值。在这个过程中，我们可能会遇到挫折与失败，但只要我们坚持不懈地追求高效与卓越，就一定能够克服困难，走向成功的彼岸。

在人生的广阔舞台上，我们每个人都是自己故事的主角，而如何书写这段故事，往往取决于我们内心的指南针——一个简单却深刻的原则：在精而不在多。这一原则，如同一盏明灯，照亮我们前行的道路，引领我们在纷繁复杂的世界中，找到那条通往成功与满足的路径。

成功，这个被无数人向往与追求的词汇，其背后往往隐藏着对质量与效率的双重追求。历史上那些熠熠生辉的名字，无论是科学巨匠、艺术大师，还是商业精英，他们之所以能够成就非凡，很大程度上是因为他们深刻理解并践行了"重质不重量"的原则。他们深知，在追求目标的征途中，每一次的努力都应力求精准且高效，而非盲目地堆砌时间与精力。

其实，高效不仅仅是一种工作方法，更是一种生活态度。它代表着对时间的尊重与珍惜，对目标的清晰与坚定，以及对自我能力的充分信任。当我们以高效为目标，去规划每一天、完成每一项任务时，我们其实已经在为成功铺就基石。因为，每一个高效率的行动，都是对自我潜力的一次挖掘，都是对能力边界的一次拓展，都是向成功迈进的一大步。

想象一下，如果我们能将这种高效行事的理念融入生活的每一个角落，无论是工作、学习还是人际交往，都力求做到精准且高效，那么我们的人生将会发生怎样的变化？我们可能会发现，自己拥有了更多的时间去追求那些真正热爱与珍视的事物，去陪伴家人、培养兴趣、享受生活的美好。而这一切的源头，正是那个看似简单却充满力量的原则——办事讲求效益。

因此，让我们从现在开始，将高效作为自己的人生信条，用实际行动去诠释这一原则的真谛。在追求财富梦想的路上，不求数量上的堆砌，但求质量上的卓越；在面对挑战与困难时，保持冷静与理智，寻找最高效的解决之道。相信只要我们坚持不懈地努力下去，终有一天会登上成功的巅峰。回望来路时会发现：原来那些看似微不足道的高效行动汇聚成了我们人生中最宝贵的财富与最辉煌的成就。

人类社会的发展与繁荣，恰似自然界生物遵循的进化规律，整个社会的变迁与进步根植于每一个社会成员的持续成长、进步及自我突破之中。这种社会层面的不断自我超越，又成为激发我们创造财富、推动事业蓬勃发展的强大动力，最终引领我们达成个人的财富愿景。

事实上，在我们人生的旅途中，每一天都经历着成功与挫折。一日之中，我们能够圆满完成既定任务，收获心之所向，达成当日之目标，这一天便闪耀着成功的光芒。而当完美无缺的日子难以企及，也不应该悲叹哀怜。因为如果让灰心丧气成为常态，财富的累积就无从谈起。所以，我们应该努力让每一天都尽可能地靠近成功，即便取得很小成功也是一种胜利。正是这些日常中的点滴胜利，汇聚成河，引领我们稳步迈向富足的彼岸。因此，珍惜并把握每一个今天，让成功成为日常的一部分，财富与成功自会水到渠成。

以日常琐事为例，假若今日计划内的事项未能如期完成，那么在这一件特定事项上，我们便是遭遇了失败。这样的"小失败"虽不起眼，却不容忽视，因为即便是细微的失误，也可能如多米诺骨牌般引发一连串的负面效应，其连锁反应之广、影响之深，往往会超出我们的预料，造成难以估量的后果。

生活中，许多看似微不足道的小事，实则潜藏着未知且难以控制的风险。它们可能如暗流涌动，悄无声息地侵蚀着我们的计划与目标。因此，我们应当培养对细节的敏锐洞察力，认识小事对"大事"成败的深远影响。在人类社会的广阔舞台上，复杂性与多样性并存，要想在短时间内完全洞悉其奥秘实属不易，但这并不能成为我们忽视小事的借口。相反，正是这些容易被忽视的小事，才可能成为阻碍我们顺利通往财富与成功之路的隐形障碍。

也就是说，无论是"大事"还是"小事"的失败，都可能对人的一生产生巨大的影响。对于一个执行者来说，不在于执行任务的大小，而在于执行任务的效率与质量。每一次低效的努力，实际上都是对时间与资源的一种浪费，也无异于是一种隐形的失败。若我们的生命被低效的行动所充斥，那么，我们人生整体的成就与满足感也将大打折扣，更难以言及成功的人生。

另外，如果我们长期处于低效的工作状态，不仅难以见到实质性的进步，还可能因无效的劳作而加剧挫败感。而每一次高效的行动都是对目标的精准推进，它如同坚实的步伐，引领我们一步步接近成功的彼岸。它不仅使我们完成了任务，更使我们在过程中体验到成功与自我超越的喜悦。

因此，成功的秘诀之一便在于坚持高效行事。这意味着我们要有清晰的目标规划，选择正确的方法与路径，并集中精力去完成那些真正有价值、有意义的事情。当我们能够持续以高效率推动生活与工作的每一个环节，那么，这样的一生无疑是充实且具有成就感的。

总之，逃离低效的陷阱，拥抱高效的生活方式，是我们迈向成功的重要一步。记住，成功不在于你做了多少事，而在于你如何有效地完成了这些事。所以，我们应力求珍惜并充分利用好每一个"今天"，以饱满的热情和不懈地努力，全心全意地投入每一天的任务与挑战中。只有这样，我们才能逐步积累起点滴财富，稳步前行在通往梦想与致富的征途上。

超越优秀，迈向卓越

在追求财富的大道上，很多人从平庸变得优秀，从一文不名变得身价不菲，但是这并不是我们的终极目标，我们的目标不仅是这样的变化，更是要向更大更远的世界前行，那就是要从优秀变得卓越，变得更加超凡脱俗。

当然达到卓越之境绝非易事，更遑论从优秀向卓越的蜕变，其中的挑战不言而喻。一个有志于登峰造极的个体，深知自己终将成为心中所描绘的那个自我，且对于设定的目标与秉持的信念坚定不移。卓越，宛如一块巨大的磁铁，吸引着财富的汇聚。因此，那些卓越之人，不仅能够实现个人的经济丰盈，更能在他人的生命中播下希望的种子，引发积极的转变。

　　我们每个人都应当怀有成为卓越之士的雄心壮志，奋力前行。不论我们当前担任何种职业角色，是深耕某一领域的专家，还是默默耕耘的普通劳动者，抑或街头巷尾的小本经营者，都应将追求卓越作为自己的崇高目标。这不仅是对个人财富梦想的执着追求，更是对自我潜能的深度挖掘与实现。在通往卓越的道路上，每一步都凝聚着对梦想的执着与对自我的超越。

　　在人生的旅途中，常常会有这样一些人，他们雄心勃勃、满怀希望地出发，却在小有收获的途中停了下来，不再前进，他们满足于现有的生活状态，觉得已经取得一些成绩，然后就准备这样轻轻松松地过一辈子。

　　对于一个安于现状、不思进取的人来说，他没有任何更好的想法，对未来已不再憧憬，他可能不知道，正是对现状的不满足造就了一个个流芳百世的伟人，也造就了一个个腰缠万贯的富豪。他更不知道，只有进取心才会促使我们去发现新的事物，只有不满足的激情才会激励我们去实现人生的最大价值。这也是人类进步的奥秘。

　　作为年轻人，你是否清楚，在不满足意念的驱使下，在更为积极的努力下，你可以把面前已经满意的事情做得更出色。作为一个雇员，你也许认为自己已经做得足够好了，能够尽职尽责，忠于雇主，勤奋工作。但是，如果有一笔巨额的奖金要奖赏给那些在未来60天内把工作提升到更高水平的员工，那么，你还会只满足于目前已经完成的状态吗？

　　或许你对自己现在的工作业绩沾沾自喜。但是，如果你是公司的雇主，你一定可以想出更好的方法来提高工作效率，借机提升公司的知名度。对这一点，你没有后退的余地，你应该想到，多一点进取心，更好地利用时间，你的工作会更加卓有成效，也能积累起更多有益的经验。在工作过程中，你首先想到的是自己的薪水，还是已获得的成果？在看到商品受损或者产生浪费时，你是设法阻止还是无动于衷呢？

你是不是曾经因为粗心大意而惹事缠身呢？你是不是认为只有高额度的奖金才能使你对手头的工作更有兴趣，进而做出更好的业绩呢？

这么多年轻人满足于现状，他们不再有任何过高的期望，没了对更大成就的期待。

许多能力突出的员工也满足于平庸的生活，其实，他们完全有能力获得更高的职位，但是，正因为满足，他们不再期待。我有一个朋友，他的才能是他的雇主所不能及的，但是多年以来他却一直是个普通的雇员，他已经习惯于过这种简单的生活了。虽然我多次鼓励他创业，暗示他可以做得比雇主更出色。他却说："我为什么要去做更大的生意呢？那样岂不是要承担更多的责任？我不为别人考虑，只为自己。我需要尽情享受生活，而不是自寻烦恼。虽然我知道，如果我去创业那一定可以成功，但是，那得需要花费多少心血呀！"

一个人职位越高，他所承担的责任越多，这是事实。只要能充分发挥自己的全部才智；只要能像一个真正的男子汉一样把成功的喜讯传向世界；只要能利用自己所有的机会和禀赋去完成肩负的使命，那么，即使付出再多，承担再多也是值得的！

我们总是期待自己的梦想终将会有实现的一天，事实上，这也是可以做到的。只要我们向往更高、更好、更神圣的东西，并为此付出艰苦的努力，就一定会到达成功的彼岸。如果我们的雄心能够主宰自己的全部思想和行动，那么，这种雄心很容易变为现实。因为我们是理想的追随者。

随着社会发展速度越来越快，我们对美好事物的追求日益强烈，正因为这样，社会才会获得长足的发展。只要我们尽力做好本职工作，不断付出努力，理想终归会成为现实。

人们总是攀登着比以往更高的山峰，努力去接受更先进的教育，努力把自己塑造得更具人格魅力，努力获得更多的财富和追求更高的社会地位。这种努力塑造了我们的性格，增强了我们的力量。这种推动生命向上的力量，也使得别人更加信赖我们。

在人生的道路上，一点成功，一点公众的夸赞，不会使我们前进的步子停下来，不会使我们变得沾沾自喜不再努力。而一旦我们的进取心被消磨殆尽，那么我们就会失去力量，从而变得消极和颓废，便不会有所作为了。

对许多人来说，最初的成功就像鸦片一样会麻痹他们的心灵，而只有不满足和恒久的进取心才能消除这种不良的情绪。昙花一现的人生留不住永恒的美丽，唯有超人的勇气和更坚强的意志才会使人走向更大的成功。

能够影响进取心的是懈怠。舒适的诱惑和对困难的恐惧使许多人丧失了这种本能的力量。进取心不够坚韧，是不能战胜懈怠这个大敌的，更不能把人们引向更美好的事物，而安于平庸则必定要走下坡路。有一首诗这样说：

想要攀登到顶峰，

想要呼吸到至纯空气的人，

一定不会在中途耽搁，

而是坚持着努力向上。

要帮助那些缺乏进取心、容易满足、安于现状的人那简直比登天还难。他们生来就不能严格要求自我以求进步，他们缺乏开创事业的胆识和魅力，更缺乏完成艰苦工作的忍耐力。

如果一个年轻人已经习惯于过平庸的生活，安于已经取得的成就，对大部分未被利用的潜力无动于衷，那么，任何人都爱莫能助。如果没有足够的进取心，他就会放纵自己，进而泯灭自己，最终将一事无成。

不满足于现状、追求更高目标、严于律己的年轻人，才会成为最终的赢家。只有向着既定的目标奋进，成功才有可能降临。

在实践中成长，唯有努力才能求得进步。当人们满足于低标准，不再为更好的未来而努力时，他就会在体力、精神和道德上走下坡路。相反，如果他们真诚地希望通过不懈的努力来改善自己的处境，那他的体力和精神会处在高昂的状态，心智也会更积极向上。

成功的秘诀是什么？有人这样问一位美国薪水颇高的职业经理。那人回答说："我还没有成功呢！没有人会真正成功。前面总有更高的目标。"

有些年轻人取得一点点成绩就以成功者自居，而真正伟大的人物总是在追求更具挑战性的目标。因为随着他们的进步，他们的标准会越来越高；随着他们眼界的开阔，他们的进取心变得更强烈了。

如果你在一个平庸的职位上得到了较高的薪水，不要因此而沾沾自喜，你会因此而缺乏向更高位置努力的动力，因为你的进取心开始衰退，甚至有枯竭的危险。虽然你有能力做得更好，但是因为你满足于现状，所以就很难身居更高位。

明知有更大的进步空间却满足于现状的主要原因，就是亲戚朋友们会告诉你，你已经是我们的骄傲了。在这种情况下，你不妨听听以下建议："不要认为可能发生的事情一定会发生。事情就是这样的，你的薪水不多，但是如果你放弃了追求更好的愿望，你将做得更糟。"

不要总是觉得自己没有能力实现梦想，要知道，每个人都蕴含着无穷的内在力量。只要善于去发现这种内在力量，并能有效地去挖掘它，理想是不难实现的。

当你无意中发现自己具备把所有的可能性都变为现实的能力时，你发现自己其实是一个超人时，那还有什么可以阻挡你去实现自己最为崇高的理想呢？

只满足于眼前成就的人欣赏不到前方更美丽的风景，而进步者总是在不断追求着。因为要进步，他必须去超越一个个目标。这样，这个不断完善的人将无法满足已有的成就，总是向着更高的山峰攀登！

遵循致富的自然法则

在前面说了这么多，了解那些秘籍并不代表财富可以轻而易举地获取。相反，不遵循获取财富的自然法则，纵然你付出巨大的努力，也将与财富无缘，不仅会使无数的心血和汗水付诸东流，也会使你充满憧憬的美好理想化为泡影。

或许仍有许多人轻视财富的积累之道，不将其视为一种严谨科学的艺术，更未深刻认识到财富的本质，它不仅是物质资源的累积，更是智慧、勤奋与正确决策的结果。他们固执地认为，世间的财富总量固定，且社会环境如同枷锁，限制了人们追求财富的步伐。在他们看来，唯有社会结构发生根本性变革，个人财富的增长才有望实现。

然而，事实却大相径庭。诚然，当今世界不乏贫困角落，但贫困的根源并非全然归咎于政府治理的缺失，更深层次的原因在于，这些地区的人们尚未掌握通过自然规则来思考与行动，未能领悟到财富创造的真正奥秘。

财富的本质在于价值的创造与交换，它要求人们具备敏锐的市场洞察力、不懈的创新精神、高效的资源管理能力以及坚定的执行力。只有当人们学会以这样的"特定方式"去思考和行动时，他们才能在社会的大潮中乘风破浪，实现个人财富的持续增长。

财富的积累往往需要时间的沉淀与复利的作用。理解并珍视时间，学会投资能够带来长期回报的领域，是通往财富自由的重要路径。随着时代的进步，个人所掌握的知识与技能是最宝贵的资产之一。通过不断学习和提升自己的能力，人们可以将这些无形资产转化为实际的经济收益，从而实现财富的增值。

另外，良好的人际关系网络也能够为个人带来无限的机会和资源。建立并维护广泛而深入的人际关系，是拓宽财富来源、降低风险、加速成功的重要途径。还有更重要的一点是，真正的财富不仅在于个人的拥有，更在于如何运用它来为社会做出贡献。一个具有社会责任感的人，会通过慈善捐赠、支持公益事业等方式，将财富回馈给社会，从而形成良性循环，这样才会使自己的财富积累得越来越多。

因此，对于那些渴望致富的人来说，除了学习并实践特定的致富策略外，更重要的是要深刻理解财富的本质，树立正确的财富观念。只有这样，他们才能在追求财富的过程中，不仅实现个人的经济自由，还能为社会的进步和发展贡献自己的力量。

作为普通民众，我们没有显赫的背景，也没有无尽的资源，但我们拥有不懈的努力、坚定的信念以及对未来的无限憧憬。正是这些宝贵的"财富"，让我们有勇气去挑战现状，去探索未知，去实践书中那些看似简单却蕴含深刻哲理的致富法则。

随着越来越多的人加入创富行列，我们看到了一个又一个成功的故事在身边上演。他们用自己的经历告诉我们，只要勇于尝试，坚持不懈，每个人都有可能实现财富的积累与增长。而这些先富起来的人，并没有忘记自己的初心，他们深知自己肩负着更大的责任——用自己的成功经验去影响和激励更多的人，帮助他们打破对财富的恐惧与迷茫，树立起追求财富的信心与决心。

在追求财富的过程中，我们要遵循"创造致富"的自然法则，并运用下面的准则严格要求、鞭策自己，努力使自己走上充满无限可能的财富大道。

准则之一是善于把握今天。科贝特曾经说："随时做好准备的积极实干态度，就是我成功的关键所在。如果不是这一点，即使把我所有的天赋加起来，也不会有太大的作为。正因为这种个性，我才会在军队里得到提升。如果10点钟上岗，那么我在9点钟就做好了准备。从来没有一个人或一件事因为我而耽误一分钟。"

一位法国政治家被问及是如何取得巨大成就，同时还身兼多职的问题时，他说："我只是遵从今天的事情今天做，如此而已。"

据说有一位从事社会工作的人遭遇失败，他把这个过程颠倒过来，他的格言是："能够推到明天的事情决不今天做。"有多少人把本来可以加以利用从而有所作为的时间，不知不觉地消磨掉了，无所事事地浪费了。

爱尔兰女作家玛丽亚·埃奇沃思曾经说："没有任何一个时刻像现在这样重要，不仅如此，没有现在这一刻，任何时间都不会存在。如果一个人没有趁着热情高昂的时候采取果断的行动，以后再实现这些愿望的可能性就很渺茫了。所有的希望都会被消磨，都会被湮没在日常生活的琐碎忙碌中，或者在懒散消沉中消逝。没有任何一种力量或能量不是在现在这一刻发挥着作用。"

有人问瓦尔特·雷利："你怎么能在如此短的时间内取得如此大的成就呢？"瓦尔特·雷利回答："我需要做什么事情就立刻去做。"习惯采取果断行动的人，即使偶尔犯错误，也比一个头脑聪明却总是懒散拖延的人收获成功的可能性更大。

有许多一事无成的人都这样说："我的一生都在追求明天，并且一直以为明天会给我带来无穷无尽的好处和利益。"

"明天？你是说明天吗？"科顿这样说，"明天！在亘古不变的时间长河中，明天是个永远都找不到的狡猾之人，只有傻瓜才会对其念念不忘甚至情有独钟；明天是个一毛不拔的吝啬鬼，它用虚假的许诺、期待和希望剥削你丰厚的财富，它给你开的支票是永远无法兑现的空头支票；明天是个想入非非的孩子，而他的父亲就是愚蠢，只能永远做着白日梦；明天就像夜晚的幻影一样虚无缥缈，智者从来不相信所谓的明天，也从来不屑于与那些津津乐道明天的人为伍。"

《挪亚的皮革商》是英国小说家查尔斯·里德的作品，其中有这样一段：

那个老是欠债不还的小职员还是积习难改，他在下定决心明天开始还账后，忽然感到一阵困意袭来，于是便昏昏睡去。

过了很久，他从沉沉的梦中苏醒过来，朝着那些收据最后看了一眼，嘴里还喃喃地说："哦，我的头怎么这么沉？"但是他马上坐了起来，又自言自语道："明天——我——要把它带到——彭布鲁克去。明天……"当第二天到来时，警察发现他已经去了天堂。

只有魔鬼的座右铭才是明天。很多本来才智超群的人留在身后的仅仅是没有实现的计划和半途而废的方案，这样的例子在整个历史长河中数不胜数。对懒散而又无能的人来说，明天是最好的托词。

"快！快！快！为了生命加快步伐！"这句话常常出现在英国亨利八世统治时代的留言条上，旁边往往还附有一幅图画，画的是没有准时把信送到的信差在绞刑架上挣扎的情景，以警示人们要守时。由于当时还没有邮政事业，信件都是由政府派出的信差发送，如果信差在路上延误了时日，就要被处以绞刑。

我们现在一个小时可以完成的任务是 100 年前的人 20 个小时的工作量。在生活节奏缓慢的古老的马车时代，用一个月的时间历经路途遥远而危险的跋涉才能走完的路程，我们现在只要几个小时就可以走完。但是，即使是在那样的年代，不必要的耽误时间也是犯罪。由此可见，文明社会的一大进步就是对时间的准确测量和利用。

守时与精确是成功的双亲。每个人的成功故事都离不开某个关键时刻，这个时刻一旦犹豫不决或退缩不前，你将永远失去成功的机会。

"任何时候都可以做的事情往往永远都不会有时间去做。"这句家喻户晓的俗语几乎可以成为很多人的格言警句。伦敦的非洲协会想派旅行家利亚德去非洲，当人们问他什么时候出发时，他有些迟疑地说："明天早上。"科林·坎贝尔被任命为驻印度军队的总指挥，在被问及什么时候可以派部队出发时，他总是说："明天。"当有人问后来成为著名的温莎公爵的约翰·杰维斯，他的船什么时候可以加入战斗时，他立即回答："现在。"

准则之二是要趁热打铁。"趁热打铁""趁阳光灿烂的时候晒干草"是两句家喻户晓的俗语，这其中充满了人类的智慧。

1861 年 3 月 3 日，马萨诸塞州的州长安德鲁在给林肯的信中写道："我们接到你们的宣言后，就立即开战，尽我们的所能，全力以赴。我们相信这样做是遵从美国和美国人民的意愿，所有的繁文缛节都被我们完全摒弃了。"

1861 年 4 月 15 日上午，安德鲁收到了华盛顿军队发来的电报，而第二个星期天上午 9 点，他就做了这样的记录："所有要求从马萨诸塞州出动的兵力已经驻扎在华盛顿与门罗要塞附近，或者正在去保卫首都的路上。"

安德鲁州长说："我的第一个问题是采取什么行动，如果这个问题得到了回答，那么我就该考虑下一步干什么了。"

拿破仑知道，每场战役都有"关键时刻"，把握住这一时刻就意味着战争的胜利，稍有犹豫就会导致灾难性的结局。因此，拿破仑非常重视"黄金时间"。

拿破仑说："奥地利军队的失败是因为奥地利人不懂得5分钟的价值。"据说，在滑铁卢战役中，他和格鲁希在那个性命攸关的上午就因为晚了5分钟而惨遭失败。布吕歇尔按时到达，而格鲁希晚了一点儿。就因为晚了一点儿，拿破仑被送到圣赫勒拿岛，这一点儿时间改变了无数人的命运。

英国社会改革家乔治·罗斯金说："从根本上说，一个人个性成形、沉思默想和希望受到指导的阶段是人生的青年阶段。青年阶段无时无刻不受到命运的摆布。某个时刻一旦过去，将永远无法完成指定的工作；或者说如果没有趁热打铁，某种任务也许永远无法完工。"

世间之人都有懒散倦怠的习惯，却很少有人注意到自己的这个习惯。有的人是在午饭后，有的人是在晚饭后，有的人是在晚上7点钟以后就什么都不想干了。在每个人一天的生活中往往都有一个关键时刻。对于大多数人而言，早晨几小时往往是这一天是否会过得充实的关键时刻，如果你不想一天白过的话，那么就一定不要浪费这个时刻。

麦亚尼是一位技术高超、勇气过人的将军，曾经有人在亨利面前称赞他。"是的，你说得很对"，亨利说，"他的确是一位了不起的将军，但是他总比我晚5个小时"。麦亚尼上午10点钟起床，而亨利在凌晨5点钟就起床了，这就是他们两人之间的差别所在。

拖延懒散是犹豫不决这种疾病的前期症状。对于那些深受犹豫不决之害的人来说，唯一的解决办法就是当机立断。犹豫不决的人就是失败的人，因为犹豫不决这一疾病就是摧毁胜利和成就的致命武器。

有一位著名作家曾经感言道："床是个让人又爱又恨的东西。"在我们晚上上床睡觉之前，只要想到没有完成的工作，就觉得时间还早，不该睡觉。同样，我们早上也不愿意早起。我们每天都下决心第二天早上一定要早起，但是，每天早上我们仍旧赖在床上不愿起来。

可是，许多杰出人物都习惯早起。阿尔弗烈德大帝在拂晓前起床；哥伦布在清晨的几小时计划寻找新大陆的航线；拿破仑在清晨考虑最重要的战略部署；彼得大帝总是天一亮就起床，他说："我要使自己的生命尽可能地延长，所以就要尽可能地缩短睡觉的时间。"诗人布赖恩特凌晨5点钟起床；历史学家班克罗夫特天亮起床。我们熟知的很多重要作家都习惯早起，古代和现代的许多天文学家也都习惯早起。另外，有早起习惯的还有克莱、卡尔霍恩、华盛顿、韦伯斯特、杰斐逊等政界要人。

瓦尔特·司各特取得众多成就的秘诀就是守时。他曾经说过，他凌晨5点起床，到早餐时，他已完成了一天中最重要的工作。一位渴望获得辉煌成就的年轻人写信向他求教，他在回信中写道："一定要警惕那种使你不能按时完成工作的习惯，也就是拖延懒惰的习惯。要做工作就立即去做，完成工作后再去消遣，千万不要在完成工作之前先去娱乐。"

丹尼尔·韦伯斯特经常在早餐前写20封到30封回信。

早起的习惯是所有生活习惯中最有价值的好习惯。对于一般人来说，一天睡眠7个小时已不少了，8个小时就足够了。如果这个人身体健康，那么他在床上躺8小时后，就应立即起床，穿戴整齐，投入到一天的工作当中。

美国联邦主义的倡导者汉密尔顿曾经说："上帝在造人时就给人规定了一定的工作量，同时赋予了人支配时间的能力。这样，如果他们准时开始工作，并且一直勤恳努力，持之以恒，那么最终可支配时间刚好与工作量一致。

"但是，我的一些朋友却遭遇了一种特别的不幸，他们的一部分时间无缘无故地丢失了。他们不知道是怎么丢失的，但是十分清楚地知道时间的确少了。

"正如本来有两条线段，但其中一条比另一条短了一英寸。工作和时间是相匹配的，但是时间总是比工作少了十分钟。

"他们到达港口时，正好看到轮船起航；他们赶到火车站时，火车刚刚开走；他们去邮局寄信时，邮局的大门刚刚关闭。他们没有渎职，也没有违反承诺，但是做任何事情都刚好晚那么几分钟，也正是因为错过这短短几分钟，他们竟一事无成。"

准则之三是养成守时的习惯。约会如婚姻般神圣不可亵渎。一个不守约的人，除非有充分的理由，否则他就是一个十足的骗子。他周围的整个世界会像对待骗子那样对待他。

有一次，拿破仑请元帅们与他共进晚餐，但是他们却没有在约定的时间到达，于是拿破仑便旁若无人地先吃起来。他吃完后刚刚站起来时，那些元帅才赶到这里。拿破仑说："先生们，现在已经过了晚餐时间，我们该去做下一步工作了。"

霍勒斯·格里利曾经说："一个人如果根本不在乎别人的时间，那么，这跟偷别人的钱有什么两样呢？浪费别人的1小时跟偷走别人的5美元有什么不同呢？况且，有许多人工作1小时的薪水要比5美元多得多。"

约翰·昆西·亚当斯也是守时的典范。在议院开会时，看到亚当斯先生入座了，主持人就知道该向大家宣布各就各位，会议开始。有一次，主持人在宣布就位时，有人说："时间还没到，因为亚当斯先生还没有来呢。"结果发现是会场的钟快了3分钟。3分钟后，亚当斯先生准时到达了。

华盛顿总统每天下午 4 点钟吃饭，有时候应邀到白宫吃饭的国会新成员会迟到。于是，华盛顿就自顾自地吃饭不理睬他们，这令他们感到很尴尬。华盛顿常说："我的表只问时间到没到，从来不问客人有没有到。"一次，华盛顿的秘书迟到了，并借口说自己的表慢了。华盛顿却说："或者你换块新表，或者我换个新秘书。"

韦伯斯特在上学时就从不迟到，在国会、法庭和社会公共事务中也同样守时。在日理万机的繁忙工作中，贺拉斯·格里利每次都会准时赴约。《论坛报》上许多睿智犀利的文章，都是他在其他编辑悠闲地等着与别人一起消遣或在会议迟迟没有开始时完成的。

对于总是为迟到找托词的佣人，富兰克林说："我发现，擅长找托词的人通常在其他方面都不擅长。"工作的灵魂和精髓是恪守时间，同时它也是明智和信用的代表。在商业生涯的最初 7 年里，著名商人阿蒙斯·劳伦斯从不允许任何一张单据到星期天还没有处理。商业界的人士都懂得，商业活动中某些重大时刻会决定以后几年的业务发展状况。

如果你晚了几个小时到达银行，那么票据就可能被拒收，那你借贷的信用就会荡然无存。据说，守时还代表了彬彬有礼、温文尔雅的皇家风范。有些人给你的印象总是急匆匆的，好像他们总是在赶一列马上就要启动的火车，而且他们在完成工作时也手忙脚乱，这是因为他们没有掌握适当的做事方法，所以很难会有卓越的成就。

在学校里，总是有铃声催促你，告诉你什么时间该去晨读或者上课，教你养成遵守时间、从不拖延的习惯，这是学校生活的最大优点。每个年轻人都应该有一块时间准确的表，提醒自己改掉事事差不多就行的缺点。这一缺点从长远来看，是得不偿失。

布朗先生说："我发现，我可以信赖那个任何事情都按时完成的小伙子，并且我很快就会让他处理越来越重要的事情。"积累成功资本的第一步往往是拥有办事一贯准时、从不拖延的好名声。有了这第一步，成功自然会召之即来。做事守时是赢得人们信任的前提，会给人带来美好的名声。这也表明我们的生活和工作是按部就班、有条不紊地进行的，使别人可以相信我们能出色地完成手中的事情。遵守时间的人是可靠和值得信赖的，原因就在于，他们从不食言或违约。

一个人停下来听了5分钟的闲话，他坐车或乘船旅行的计划就可能会因为晚5分钟而破灭。一家在本行业遥遥领先、资金雄厚的公司破产了，原因可能就在于代理机构在得到命令后没有把必要的资金及时转移过来。火车司机的表慢一点儿就会引发严重的撞车事故。一个无辜的人被处死，可能仅仅因为带来赦免命令的信差晚到了5分钟。

像拿破仑一样能够当机立断地抓住关键事务，丢开琐碎顾虑的人注定会成功。当听到萨姆特尔被攻陷的消息时，格兰特将军立即决定收编敌人的军队。巴克纳派人把休战旗送到多耐尔逊，并要求商议投降条件和时间，这时，格兰特将军脱口而出："除了立即无条件投降，我们不接受任何其他条件。我提议马上开始着手你们的工作。"客观条件使巴克纳不得不接受格兰特提出的苛刻且毫无通融的条件。

把握不好关键的5分钟，会使许多人在浑浑噩噩中最终一事无成。失败者的墓碑上，字里行间都流露着这样的遗憾：太晚了。胜利与溃逃、成功与失败的转手易人往往只是几分钟的事，而结局却大不相同。

攀登人生的财富巅峰

一个人财富的积累程度，直接与其目标的明确性、决心的稳固性、信念的持久性以及感恩之心的深切性息息相关。换言之，如果你能够深刻理解并践行那些引领财富增长的法则，即致富的秘诀，那么你便掌握了开启财富宝藏的钥匙，这将赋予你无限的智慧与力量，让你在追求中登上人生的巅峰。

我们在内心中要构建一幅鲜明、具体的愿景图：我们的渴望是什么？我们的行动方向何在？我们期望自己成为何种模样？将这幅愿景图深深镌刻于心，同时怀抱一颗感恩之心，向宇宙或你心中的造物主表达感激，感谢它赋予人们追求梦想的权利与可能。

在闲暇之余，不妨让思绪沉浸于这幅愿景图之中，细细品味每一个细节。以满腔的热情与真挚的谢意，想象自己正一步步靠近那个理想中的自己，仿佛愿望的实现已触手可及。这样的冥想与感激，不仅能够激发内心的动力，还能吸引更多的正能量与机遇，助力你更快地踏上实现梦想的征途。

将欲望变成财富，有六个必要的步骤：

一是你真正渴求的财富数目是多少，确定数量，这一点自己必须清楚。

二是为了达到追求的目标，你必须清楚自己能付出哪些代价。

三是确定一个具体的期限，即何时实现你追求的目标。

四是制订一个实现愿望的详细计划，无论你是否已准备好，都要立刻行动起来，实施这个计划。

五是将想要获得的财富数目，实现愿望的期限，为达到目的愿意偿付的代价，以及获得这些财富的具体计划等，把这些都写下来，并写一份决心书督促自己。

六是每天大声朗读这份决心书两遍，一遍在睡觉前，一遍在清晨起床以后。当你朗读时，要想象自己已经拥有了这笔财富。这一点很重要。

这六个步骤的每一项指示都贯穿在你的行动中。尤其是第六个步骤中的指示更为重要。你也许会抱怨，在你未真正实现愿望之前，你不能目睹自己的成就和财富，这正是"炽烈的愿望"可以帮助你的地方。如果你渴望拥有财富，先要让这种愿望完全占据你的大脑，这样做的目的是让你下定决心得到它。只有这样，你才会确信一定会拥有它。

生活中充满了竞争，所以我们必须认识到自己生存的世界发生了巨大变化。它需要新的思想，新的行动，新的领导人，新的创造，新的教学方案，新的营销策略，新的书籍，新的语言，新的电视节目，新的电影观念，等等。在这些新的更美好的事物背后有一种气质，但凡成功者，就一定要具备这种气质，这种气质就是"目标的明确性"，用自己那强烈的愿望去征服它，即努力具备这种气质。

希望积累更多财富的人，应时刻牢记：真正的领导者，是在机会未出现以前就能抓住那些看不见的机会，并能够有效利用的人。他们将思想观念或思想冲动转变为现实的东西，以及能够让生活过得更加舒适的各种事物。

如果你想获得那些财富，千万不要受他人影响而小看梦想者。在这个如此多变的世界里，你想拥有巨额财富，就必须有那些伟大的拓荒者的精神。他们的梦想给我们留下了许多文化遗产，他们的思想成为我们国家的思想，让你我都能得到发展和展现才能的机会。

假使你确信想做的事是正确的，那就大胆去做吧！去完成自己的梦想！在追逐梦想的过程中，难免会遇到短暂的失败，不要管别人说什么，一定要相信每次失败都会播下成功的种子。

爱迪生一心想着用电来照明，他开始了自己的行动，虽然在这个过程中失败达一万次以上，但是他仍然坚持他的梦想，直到梦想变成真正的现实。重视实践的梦想家不会轻易放弃！维伦梦想拥有一个联合的雪茄香烟店，于是把梦想变成实际行动。现在美国各大城市一些地段最好的街角处，都会有"联合雪茄香烟店"。莱特兄弟梦想拥有一种能在空中飞行的机器。事实完全证明，他们的梦想已变成现实。现如今梦想者的处境，比以前不知要好多少倍。当今世界，机会无处不在，这可是以前梦想家所没有经历过的。

对于所有的富人来说，最有成就的事，就是在贫困时获得财富的那份喜悦，和第一次受到别人认同时的那种欣慰。他知道，贫穷再也不会如影随形，只有到这时，他才开始想到将来可以过得无忧无虑，可以注重自我完善、自我修养，可以去学习和旅游。今后，舒适的生活将取代粗糙的日用品和难以忍受的苦役。他认识到他有能力使自己的生活质量得到改善。从此以后，他声名大噪。他的家里摆满了各种各样的名画、瓷器、书籍和其他艺术品，他的孩子不会再像他以前那样，生活在一个贫穷的环境里。于是，他第一次感觉到，自己有能力为别人提供一些力所能及的帮助；同时也感觉到，他那原本狭隘的生活圈子在不断扩大，视野在不断拓展。

实际上，成功的意义应该是发挥自己所长，通过努力之后，所获得的一种无愧于心的快乐。我们来到这个世界上，是为了享受富裕的生活，而不是为了遭受贫穷，匮乏和贫困是不符合人类发展的。

有时我们对那些美好的东西缺乏足够的信心。我们不敢完完全全表达自己的愿望，不敢为自己的生存权提出更高的要求。我们不得不节衣缩食，不敢使用与生俱来的权利去要求富有。我们要求得少，期望也少，我们抑制自己的欲望，不敢要求更多的欲望，我们从不打开自己的心灵，让美好事物的洪流进入。我们的思想也受到限制，自我表达也受到抑制，甚至在思考问题时都抑制自己。我们常常不敢过分地企求财富，甚至不敢相信梦想会成为现实。其实，不必担心造物主因给予我们太多的东西而变穷。造物主的本性就是给予，上帝不会因为我们要求得多而有所损失。因为，普照大地万物是太阳的本性，只要你能吸收，它就会无限地给予；蜡烛也不会因为另一支蜡烛的点燃而有所损失。为友谊而善待，为爱而付出，这只会增加我们的能力。

在人生的海洋中，我们都是赤裸裸的泅渡者，只有不断地将神圣的巨能转化为我们自己的能量，并且有效地运用这种能量舒展身姿，才能抵达胜利的彼岸。一旦人学会这种神圣的转换法则，他就会成百万倍地增加自己的效能，那时，他将以一种从未梦想过的方式，成为神的合作者、共同的创造者。自然界所有的一切都是来自伟大造物主的无限给予。当财富正在自由地向我们靠近的时候，当我们跟造物主完美结合的时候，当兽性被教化，虚伪、自私等被清除的时候，我们将真正懂得善良的真谛，即使你身无分文，你也是世间最富有的人。

倘若我们始终怀有一颗纯洁而善良的心，我们就接近了上帝，这样，所有宇宙中的美好事物就会自动地流向我们。然而，我们一些错误的思想和行动限制了这种流动。

　　每一种恶行都是一层不透明的面纱，它挡住我们的视线，使我们难以看见上帝与真善。每走错一步，都会使我们与上帝越来越遥远。当我们不断地去追求成为一个尽善尽美的人时，当我们学会自由思考、不再在局限的思维中爬行时，便会发现，我们追求的事物也在追寻我们，并会在途中与我们相遇。不要一味地抱怨上帝的不公，每次抱怨不会让你得到任何东西。这样的抱怨毫无价值，只能自寻烦恼，并使你在烦恼中越陷越深。你总是抱怨你的命运，"斤斤计较"描绘不合意的经历，那么，你的智慧就不会致力于你所追求的目标，你的智慧就不会为你带来弥补创伤的条件。

第二部　马戏团里的亿万富翁

［美］P.T. 巴纳姆 著

本书的作者为 P．T．巴纳姆（Phineas Taylor Barnum
1810—1891），他不仅是美国马戏团的创始人，还是一位
杰出的企业家和展览演出主持人。巴纳姆在晚年将他的
赚钱艺术和经商经验整理成书，出版了《马戏团里的亿
万富翁》。这本书不仅总结了他的商业智慧，还向读者传
授了创造财富的法则。他的成功故事和经商理念激励着
无数人在追求财富和成功的道路上不断前行。

通向财富大道的铺路石

对于每一位身体健康的个体而言，累积财富并非难事。这个世界铺筑了广阔的成功之路，无论男女，只要怀抱热情，愿意投身任何正当的职业之中，都能找到足以支撑日常生活的收入来源。

那些真心向往经济自由的人们，正如他们追求生活其他领域成就时那样，只需要倾注心力并采取恰当的策略，就很容易在财富之路上达到目标。然而，尽管赚钱之途看似顺畅无阻，可是要保持一个稳定的盈利状态，却是最为艰巨的挑战之一。

富兰克林博士的睿智之言犹在耳畔："通往财富的道路，犹如通往磨粉厂的路径一般平坦无阻。"实现这一点的核心要义在于，确保我们的支出始终低于收入，这听起来仿佛是一个再简单不过的法则。而米高伯先生，那位在狄更斯笔下以慈爱形象出现的幸福构筑者之一，更是以生动的例子阐明了这一点。

他提到，那些月收入 20 英镑却花费 20 英镑零 6 便士的人，最终将陷入最为不幸的境地；相反，若他们每月仅使用 19 英镑 6 便士，即便收入有限，也能成为最知足常乐的普通人。

我的读者或许会会心一笑，心中默念："这道理我们都懂，节约是财富的基石。我们深知，谁都无法既享受蛋糕的美味，又奢望它完好无损地留在那里。"这确实是对生活智慧的一种深刻领悟，它提醒我们在追求物质满足的同时，也要学会节制与平衡。

有一些挣钱容易花钱也爽快的乐天派作家，曾经利用金钱这个话题在书本上和戏院里给我们制造了许多有趣的笑料。如《你无法把钱带在身边》里的那位老绅士——他绝不相信什么所得税，而且拒绝缴付。当大卫·科伯菲尔德要教他的年轻新娘朵拉按照收入预计开销的时候，朵拉就噘起嘴撒娇，她也是个惹人怜爱的角色。《与父亲一起生活》里描述的母亲节，也给了我们无穷的回味，因为，在母亲每个月把家庭预算弄得一塌糊涂的情况下，父亲在母亲节那天也表现了最好的风度。还有狄更斯笔下浪费成性的麦考柏先生，也是深受读者喜爱的角色之一。

我们在文学作品里发现，一个吸引人的角色身上往往兼具迷人和不负责任两大特点。但是，在现实生活里，最令人伤心和讨厌的却是花钱方面的失误。不付出永远无法使妻子快乐。脑筋糊涂、奢侈浪费的妻子，更不会讨人喜欢，她只能是丈夫生活道路上的累赘。

如今，我们的钱所能买到的东西跟几年前相比已经是愈来愈少了。女士们面对着收入与支出不成比例的挑战，因此，对钱必须精打细算。价格膨胀了，生活水准提高了，我们的孩子所需要的教育费用都比前些年昂贵了许多。

不少人都有一种糊涂认识，觉得只要我们的收入增多一些，我们所有的忧虑就都可以解决了，这个想法是十分错误的。问题远没有这样简单。艾尔西·史泰普莱顿曾经担任华纳莫克和吉姆贝尔百货公司职员和顾客的财务顾问。他的看法是：增加收入，只不过增加了大部分人的各种消费，潜在的财务问题并没有解决。

加拿大的蒙特利尔银行敬告顾主们：在他们有了大笔收入的时候，

要学会精明地花费这些资金。

我写这本书时，偶然得到了一本有关家庭关系的不寻常的好书。其作者是个全国知名的心理学家，可是，他却有个致命的缺陷：他好像对家庭预算异常陌生。他在书中写道："对于家庭财政开支根本无须费时费力，有则多花没则少花，就这么简单。"

按照他的理论确实省心易行，但这种做法无疑把计划、预算抛诸脑后。他的意思就是说让每个人，除了收入者本身以外的每个人，包括肉贩、面包商和烛台制造商都来分享他的收入。

对我们每个人来说，给收入做个计划预算，是保证你和你的家人能够公平地分享你收入的根本。预算和平时的花费并不矛盾，也并不是要毫无意义地去记录所花掉的每一分钱。预算是一张蓝图、一个经过计划的方法，用以帮助你用自己有限的收入购最理想的物、办最多的事。正确的预算将会告诉你如何达成目标，如何正确规划孩子的教育资金、自己的养老金以及享受生活时所需的一切费用。

预算还有一个好处，就是可以帮你权衡轻重，删减一些小项目，去填补你的大花费。要想使自己成为家庭财务的专家，据我所知，家附近的银行可能有一种预算或咨询服务，他们将会告诉你如何做好预算计划，如何理财，如何管理自己的收入。对于家庭的经济知识，《妇女时代》杂志可以给你提供大量的帮助。它会告诉你如何缝补旧衣服，如何烹调既营养又美味的餐点，甚至还告诉你如何制造美观实用的简易家具。

预算计划表应该根据家庭实际情况自己制订，不要依赖你无意中发现的任何一种已经印好的预算计划表。因为你的家庭状况就如同你的脸孔和身材那样，是与旁人完全不同的，是独具特色的。

为了帮助你完成自己的家庭预算计划，请注意如下事项：

一是记录每一项开销，对支出情况做到心中有数。长时间按部就班的生活，杂乱的花费往往使我们无法改进任何状况。如果我们不知道在何处删减、为什么要删减以及删减多少，节约就会显得毫无目的。因此，我们应该养成记录所有家庭开销的习惯，就是先记录三个月也行。

虽然我常用支票与他人进行结算，但我仍会把我每月的花费分类记录下来，形成一张清单。到年终，我再把每月的花费加起来。这样做的好处是，不论何时我都能够很精确地告诉家人，某年某月某日我们在食物方面花了多少钱，或燃料费、水电费、娱乐费是多少，等等。我还可以使用这些记录查出生活费增加的出处，如我怀疑我花太多的钱买化妆品了，我只要看看我的记录就能印证了。

有一对夫妻，在他们开始记录家庭财务开支以后，很惊讶地发现，他们每个月竟然有高达70美元的酒费！然而，他们俩都不爱喝酒，他们只不过是一对好客的夫妇，很欢迎自己的朋友在兴致好的时候"到家里来喝一杯"。于是，他们做了一个明智的决定，认为他们不能再开免费酒吧了。就这样，他们通过记账，减少了不必要的开支，而把节约下来的资金用于有用的地方。

二是根据自己家庭的特点设计预算。在每年的年初，你应该把你这一年里必需的开销列出来：房租、食物耗量、水电费、保险金，然后再把预计的开销列出来：衣服、医药费、教育费、交通费、交际费，等等。

这样做肯定有一定的难度，而且拟定计划需要自己的决心、家人的支持，有时候还需要坚定的自制力。我们不可能买下市场上的每样东西，但是我们可以决定哪些是我们需要用的、应该买的，哪些又是不需要用的、应该舍弃的。你愿意把买昂贵漂亮衣服的钱用来布置一个更温馨的家吗？或者，你愿意自己做衣服，将节省下来的钱买一台烤箱吗？显然，这些必须由你和你的家人来决定。所以，提前印制好的预算计划表是没有用的，这种表格必须自己设计。

三是把收入的 10% 储蓄起来。我们应该力求让自己的家庭维持在一个固定的开销上，然后至少要把 10% 的收入储蓄起来或拿去投资。这样你就可以建立一笔额外资金，拿来做特殊用途——买房子或汽车等。

据财务专家介绍，一位妻子，如果你能节省你丈夫收入的 10%，纵然物价高昂，你仍可以在短短几年内改善生活条件和经济状况。我认识一位太太，她的丈夫是位倔强保守的新英格兰人。他宁愿当众出丑，也绝不愿放弃节省十分之一薪水的计划。这位太太告诉我，在经济不景气的那几年，她们可真是吃足了苦头，她先生的薪水大幅度下降。她买生活必需品的时候都要想尽办法节省每一分钱，而她丈夫每天要步行 20 多条街，以省下马车费。但是，节省十分之一薪水的老习惯，他们却坚持下来了。

这位女士后来说："当时我经常埋怨我的丈夫，尤其是急等着钱用的时候。但是，我现在很高兴我们维持了储蓄计划。因为人到中年后，我们终于可以过上比较舒服的生活，而且不必担忧后半生的生活了。"

四是存下一到三个月的收入以应付突发事件。财务专家劝告每一个年轻家庭，一定要存下一到三个月的收入，以应付突发事件。专家告诫人们，想要存太多钱，会发觉很难办到，结果根本就存不下钱。最好的办法是，不要企图一次性就存很多钱，而应该定期每周少存一点，但不能间断，这样效果会好一些。

上述问题以及其他许多相似的问题，对于每个家庭都相当重要，作为妻子的你应该同你的丈夫一样清楚明白这些问题的答案。有一天如果你变成寡妇，但你掌握了有关方面的知识，就可以解除你的后顾之忧，保障你后半生的生活衣食丰裕。

贾得生和玛丽·南狄斯合写的《建立成功的婚姻》一书告诉我们，婚姻生活的幸福与否，家庭收入的花费起着重要的调节作用，你必须适应它。金钱不是万能的，这句话有一定的道理。但是，如果我们知道如何合理地使用它，就可以使我们的生活更安宁、更幸福、更富裕。所以，我们不能天天盼望着并不优秀的丈夫突然间带回来一大袋金钱，这只会浪费我们的时间，损毁我们的青春。我们应该做的事情就是尽快使自己变成财务能手，好好处置丈夫赚回来的每一分钱。

用自己的爱好赚钱更容易

在年轻人踏上人生旅程的初始阶段，确保他们踏上的是一条既安全又稳妥的成功路径，关键在于选择一份既符合其天生特性又使其感兴趣的职业。遗憾的是，许多父母或监护人在这一关键环节上往往显得不够细致入微。

他们常常依照自己的爱好去安排孩子的未来，却完全不顾及孩子的心里想法，到头来，他们自认为给孩子们安排了理想的职业，却不知道孩子们心中对他们的安排完全不感兴趣。不感兴趣，就没有行动力，就不会热爱这份职业，自然就无法取得好的成绩，就更不要想他们通过这个职业赚钱或追求更高的目标了。

如若你的年龄还不到 18 岁，那么你可能即将做你生命中最重要的一个决定——这次决定将深深地改变你的一生。这个决定对你的幸福、收入、健康，可能有深远的影响；这个决定可能会使你今后的人生要么飞黄腾达，要么落魄一生。

那么，是什么决定如此重要呢？

这个决定就是：你将以何为生。你是想做一名农夫、邮差、化学家、森林管理员，还是做一名速记员、兽医、大学教授呢？或是想摆一个牛肉饼摊子呢？

这个重大决定通常都像赌博。哈里·艾默生·佛斯迪克在他的《透视的力量》中说："每位小男孩在选择如何度过一个假期时，都是一个赌徒，他必须以他的日子作赌注。"

怎样降低选择假期时的这种赌博性风险呢？下面我将尽可能地告诉你。首先，如果可能的话，试着去寻找你喜欢的工作。有一次我去向大卫·古里奇求教，他是古里奇轮胎制造公司的董事长，我问他成功的第一要素是什么，他回答说："喜爱你的工作。如果你喜欢你从事的工作，那么工作就犹如做游戏。"

爱迪生就是一个很好的例子。这位未曾进过学校的送报童，后来竟改变了美国的工业和生活状况。爱迪生几乎每天都在他的实验室里工作 18 个小时，在那里吃饭、睡觉，但他丝毫不以为苦。他说："我一生中从未做过一天苦工，我每天都快乐无比。"这就是他成功的奥秘。

查理·史兹韦伯也有这样的论断，他说："每个从事他无限热爱的工作的人，都可以成功。"或许你会说："我刚刚从学校毕业，对工作毫无了解，怎么会知道我对哪项工作感兴趣呢！"艾得娜·卡尔夫人曾为杜邦公司雇佣过数千名员工，担任过美国家庭产品公司的公共关系部副总经理。她说："我认为，世界上最大的悲剧，就是许多年轻人从未想过，也不知道他们究竟想做些什么。我想，一个人如果只从他的工作中获得薪水，而无其他作为，那才是最可怜的。"

卡尔夫人说，每年都有很多大学生拿着硕士学位、学士学位到她那里问是否有适合他们的工作。他们竟然不晓得自己能够做些什么，也不知道自己希望做些什么。所以那些人往往在青年时代野心勃勃，怀着充满玫瑰般的美梦，但到了四十多岁以后，却一事无成，愁苦烦闷，甚至精神崩溃。

事实上，选择适合你的工作，对你的健康十分有益。琼斯霍金斯医院的雷蒙大夫与几家保险公司联合做了一项调查，研究使人长寿的因素，结果"合适的工作"被确定为第一要素。这正好符合了苏格兰哲学家卡莱尔的名言："祝福那些找到他们心爱工作的人，他们再不用乞求其他的幸福了。"

面对竞争激烈的社会，我们怎样解决这项难题呢？

如果你茫然无措，可以去找一个叫作"职业指导"的新机构，但这个行业不稳定，它也许可以帮助你，也许将会损害你——全视你找的那位职业辅导员的能力和个性而定。这个新行业还不十分完善，甚至连起步也谈不上，可它的发展潜力非常大。你如何利用这个新机构指导自己进行选择呢？你可以在你住处附近找到这类机构，然后接受职业测验，并接受他们对你的职业辅导。

不过，他们只能根据你提供的情况给你提出建议，最终的选择还需要你自己拿主意。而且，这些职业辅导员并非绝对可靠。他们之间经常也有相反的意见。他们有时的判断也会令人啼笑皆非。

有一个职业辅导员曾经建议我的一位学生做一名作家，理由仅仅是因为她的词汇量很广，多荒谬可笑！写作并不是一件简单的事，好作品是将你的思想和感情传达给你的读者，要达到这个境界，不仅需要丰富的词汇，更需要思想、经验、说服力和热情。那个职业辅导员让这位词汇丰富的女孩子当作家，实际上是做了一件差强人意之事：他要把一位极佳的速记员改变成一位难以胜任的准作家。

因此，你可以多找几个职业辅导员，然后凭借生活常识判断他们的意见。

也许我在这里过多地说了一些令人担心的话，但如果你了解多数人的忧虑、悔恨和沮丧，都是因为不重视工作而引起的，你就不会觉得奇怪了。你的父亲、邻居，或是你的雇主，对此类情形可能会有一定的理解。

著名学者约翰·米勒宣称，工人不能适应工作是"社会最大的损失之一"。是的，世界上最不快乐的就是憎恨他们日常工作的"产业工人"。你知道在军队中容易"崩溃"的是哪些人吗？往往是被分派到错误单位的人！那些人即使在普通任务中也会精神崩溃。

我要告诫青年朋友的是，不要因为你的家人希望你做什么，你就勉强自己从事某一行业；不要贸然从事某一行业，除非你真的喜欢。不过，你必须仔细考虑父母给你的劝告。他们的年纪可能比你大一倍，他们已获得了那种唯有从众多经验及过去岁月中才能得到的智慧。但是，最后的决定必须由你自己来做，因为将来工作中的快乐和悲哀只有你自己品尝。

一个资质正常的人，既有可能在多项职业上失败，也有可能在多项职业上成功，这都是很正常的。拿我来说，如果我研习并从事下述职业，我相信，成功的机会一定很多，而且我也一定会非常快乐。这一类的工作包括农艺、果树栽培、科学农业、医药、销售、广告、报纸编辑、教书、林业等，但另外一些比如簿记、会计、工程、经营旅馆、工厂、建筑和机械事务以及其他数百项工作，我则不能胜任，若从事则必败无疑。

如果有人试图将我培育成一位技艺精湛的制表师，或许经过多年的勤学苦练，我能娴熟地将精密的钟表拆解再重组。然而，由于我不喜欢这份工作，会感到这份工作的沉重，会频繁地中断手头的活计，任由时光在拖延中悄然流逝。对我而言，制表不仅无法激发热情，反而成了索然无味的负担。

成功的钥匙，在于发现并遵循个人与生俱来的兴趣导向以及培养与之匹配的独特才能。世间多数的成功人士之所以最终都能取得令人瞩目的成就，就是因为他们找到了那份契合自己心性的职业。

远离债务，轻松前行

许多涉世未深的年轻人，刚刚进入社会便背负起沉重的债务。他们往往为了一时的满足与享受，不惜选择借贷消费。比如，有人会骄傲地向朋友展示："瞧，我通过赊账买了这件新衣服。"这样的行为，看似让他们轻易拥有了心仪之物，实则如海市蜃楼，美丽却虚幻。

当借贷行为成为生活的常态，每一次"轻松获得"的背后，都隐藏着高昂的利息和沉重的还款压力。更糟糕的是，一旦这种借贷消费的习惯根深蒂固，它就像一个无形的枷锁，逐渐束缚住个人的财务自由，甚至将整个生活推向贫困的深渊。

年轻人面对琳琅满目的商品，会产生强烈的消费欲望，此时，应当保持冷静与理智，应该根据自己的实际情况，审慎评估自己的消费能力，避免盲目跟风、冲动借贷消费。同时，要培养健康的消费观念和理财习惯，通过辛勤工作和合理规划，实现真正的财务自由和生活幸福。

债务像一把沉重的枷锁，会无情地禁锢一个人的自尊，让他内心深处对自己产生深深的质疑与轻视。戴着枷锁的人会终日唉声叹气，更要为因一时冲动而产生的债务默默劳作，用自己每一滴汗水为那些已成过往的享受买单。即便这样，当还债的期限悄然降临，很多人仍会愕然发现，自己手中竟无物可变现以偿还债务。

著名学者比彻在教育他儿子时这样说："你得像逃避恶魔一样避免借债。"青年人要痛下决心，不论你怎样急需金钱，最好不要向别人借债，更不应该去借高利贷。

富兰克林在他的《穷理查智慧书》里有句话说得好："借钱等于自投苦恼的罗网。"法庭上每天那无数的民事纠纷案都证明了这句话的正确性。

当然，什么事都不是绝对的，也有一种例外。当一个人由于意外事件而陷入困境时，当天灾人祸从天而降时，往往任何人都难以靠一己之力去避免，就如同任何如日中天的事业都可能遇到意外的困难和阻力一样。

到了那时，无论你怎么小心谨慎，无论你的决策如何正确，无论你怎样痛恨向人借钱，为了渡过难关，你都必须硬着头皮去向银行贷款。但即使到了那时，也要牢记一条原则：借得慢，还得快。

这一原则在生意中的放账和借款时同样适用，如果放账和借款已成不可避免的事实，你一定要遵守上面的原则。

一些年轻人由于粗心大意，经常因为借贷不立契约或不立书面的凭据而发生纠纷，使他们的前途受到不利的影响，事业遭受打击，身心也受到极大的摧残。

我曾见到无数本来大有前途的年轻人由于借债而遭到了意外的失败。这些青年刚入社会时，或许还没有染上借债这种恶习。他们原先或许非常看重名誉，也从不喜欢到处去借钱挥霍，当时他们的前途是非常光明的。但后来由于一点小小的用途，无意中开启了借债的大门，之后，他们便渐渐越陷越深，难以自拔。

有一个惊人的现象：每年死于债务纠纷的人，比因战争而死的人多出数十倍。据说20个天才中，就会有7个人因举债而丢掉性命，其中包括一位小说家、一位学者、两位法学家、两位政界名人和一位演讲天才。

一贯为人敬仰的美国名人史蒂芬逊，做人特别小心谨慎，他在描述自己理想中的生活时，还战战兢兢地希望自己不要陷入借债的漩涡中去。史蒂芬逊说："我们对他人应该热爱和忠诚，平时应当量入为出。在自己的家庭中，应当保持快乐的气氛。对朋友，必须竭力避免仇恨，当然也绝不可忍受丧失自尊的屈辱。假如遇到蛮不讲理的人，最好的办法是避开他们，这是通向理想生活的捷径。"

纽维尔·希里斯博士也说："你要使自己过上一种安稳的生活，要保持自己的人格和名誉，必须遵守一条规律：那就是赚得多花得少。"在这个危机四伏、处处荆棘的现代社会，好像没有什么比这件事更需慎重对待的了。

那些喜欢向别人借债的年轻人的悲剧在于，他们看不到借债背后所隐藏的危险。假如他们明白万一不能还清债务的严重后果，包括丧失人格、迫不得已地撒谎、可能的营私舞弊、为逃避债务而东躲西藏等，他们一定会后悔莫及，寝食难安。他们一旦看清戴上债务的手铐无法挣脱的情形，他们一定会喊起来："宁可饿死也不做债务的奴隶。"

欠债是最令人难堪的事情。只有那些因债务缠身，时刻受着债主的追逼与压迫，因债务而吃尽苦头的人，才能了解负债者的苦恼。债务会把一个人的体力、气魄、人格、精神、志趣、雄姿消磨得一干二净。同时，债务给人巨大的精神压力，能毁灭一个人的一生。

坚持不懈，步入财富殿堂

当一个人走在追求财富的道路上时，他必须有一种永不服输、坚持不懈的精神。没有这种精神，很难实现最终的目标。人的梦想都是绚丽的，而现实往往是残酷的，再美再绚丽的梦终归要回到现实中。但是，生而为人，无论遇到多么艰难的情况，我们心中都要有一个自强坚定的信念，那就是坚持不懈，追求卓越。

所谓"坚持"，就是要在各种困难面前始终保持信心和决心。成功并不一定是取得令人瞩目的成就，而是在经历过失败和挫折的洗礼之后，依然能够坚定自己的信念，勇敢地继续前行。为人做事，只有坚持不懈，才能够在波涛汹涌的生命海洋中驶向成功的彼岸。

当我们拥有了坚定的信念，我们便会体会到成功的滋味。因为，成功是一种感觉，在那一刻我们会感觉到一些特别的东西，那就是为自己奋斗的成果而喜悦。并且，成功也是一种态度，在生活中面对挫折和失败时，保持积极乐观的心态、不屈不挠的精神，就会离成功更进一步。

因此，坚持不懈的精神与成功是息息相关的。只有抛弃放弃的心态，不断努力，才能最终达到成功的彼岸。我们一定要知道，每一个成功者背后都有一个坚持不懈的故事。

当我们追寻自己的财富梦想时，难免会遇到种种困难和挑战。但是，只要我们始终保持着坚定的信念，勇往直前，绝不轻易放弃，那么无论前方的路有多么曲折、崎岖，我们都能够战胜一切困难，最终走向成功的彼岸。

在人生的长河中，只有坚持不懈，才能不断地超越自己，追求更高层次的成就。在此，我也要向所有坚持不懈的人致敬，你们的奋斗永远值得尊重与肯定。要记住，除非放弃，否则我们永远不会被打垮。不要因失败而变成一位懦夫，而应该面对失败，面对挫折，奋勇向前。

不放弃可以令人保持冷静，并做出理智的思考；不放弃能让人在思想放松时保持克制，容忍原本所不能忍受的事情。在寻找成功的过程中，拥有一份坚持下去，不达目的誓不罢休的决心和不放弃，就具备了成功的重要品质。

有一位名人曾说过这样一句话："我可以接受失败，但无法接受放弃。"从这一句话中，我们可以看出执着对于追求多么重要，只有这样的人才能够在自强奋斗的路上实现自己的理想。

无数成功的例子都告诉我们这样一个道理：成功是需要坚持的，坚持是成功的要素之一。我们都知道水滴石穿的道理，在我们的字典里不应该有放弃、失败、办不到、没法子、不可能、成问题、行不通这类愚蠢的字眼。既然我们已经做出选择和决定，那么无论未来遇到什么困难，我们都应该坚持下去，永不放弃。

不经历风雨，怎么见彩虹！人生的经验告诉我们，每一条追寻成功的道路都不会平坦，只有敢于迎难而上，不畏艰难，不怕曲折，才会走到胜利的终点。

在实现财富梦想的过程中，要始终保持一种积极向上的心态。当生活给我们带来挫折和失败时，不气馁、不放弃，振奋精神，积极面对，才能够拨云见日，柳暗花明。因为只有具备积极的心态，才能使困难给我们让路，让成功向我们招手。

我们还要学会珍惜经历。成功者，并不是从来没有失败过，而是在失败之后汲取了经验，变得更加成熟和稳重。因此，我们要用心去体验每一段经历，无论好坏，它都会成为我们成长的催化剂。

正如一句名言所说："输了不怕，怕的是不去思考失败的原因，不去总结失败的教训。只有通过反思失败的经历，才能发现自己的不足之处，并且不断地提高自己。"

因此，我们在经历成功与失败的过程中，要学会珍惜每一段经历，总结经验教训，不断完善自己，让自己更加优秀、更加出色。这样，我们在未来追求更高的成就和更大的挑战时，才能够游刃有余、手到擒来。

不要盲目地开始做生意

许多年轻人在完成学业或结束学徒期后，开始思考自己的职业道路和人生价值。他们渴望立即通过做生意，赚取更多的金钱，而不仅仅是作为雇佣工赚取可怜的薪水。他们羡慕那些已经做生意的朋友，觉得那些朋友十分神气，于是也想效仿。即便听说那些人的生意已经亏本了，或者没有多大收益，他们也不肯罢休。他们总是认为，那是因为经验不足、不会管理，如果换成自己，结果肯定会不一样。

全国各地的大型商店里有好多年轻人，他们的学徒期已过，职位得到升迁，也积蓄了一些财富。他们中的很多人都有这样的想法："我这个年龄已经有人开始了自己的生意，而且取得了成功，那么我现在也能开始自己的生意了，可能不会那么成功，但也差不到哪里去。而且我现在已经是合格的店员了，也知道怎样来管理。虽然朋友们都劝我再积累几年经验再说，但是我觉得，做店员实在是太辛苦了，而且就算我再工作几年，又能学到什么东西呢？"

还有人说："我已经具备了相关的理论知识，接下来应该提高自己的业务水平了，而且自己开店也能得到提高啊！如果我生意没成功，还可以重新再来，很多人也犯过这样的错误啊！其实，犯错误也不是什么坏事，吃一堑长一智嘛，这叫积累经验！老年人都认为年轻人应该到 40 岁再开始自己的事业。我决定要尽早开始，机不可失，时不再来！我相信自己一定能成功！"

这种自我膨胀和盲目自信是世人普遍的习气，也是商人野心勃勃的表现，它存在于每个行业中。而且这种习气在一些法律工作者、政府公务员、医务工作者及心理医生身上也相当普遍。

医务行业是这种风气最集中的地方。因为行医执照和证书都很容易得到，所以，就导致很多人有这种习气。无论是谁，只要他有最基本的读写能力并敢于尝试，三年就可以取得某些州的外科医生的执照，在这期间，他们有大量的时间来做其他事。

他们只要在业余时间学一点解剖、外科和护理知识，记住一些要领，就具备了成为一个新手医生的基本条件，再听一些医学演讲报告，就可以拿到文凭了。然后，他们理所当然地拿到了行医执照，这就是一名医生了。接着，他们就可以凭着这些证书来大肆敛财，这些人才不会管有多少人会因此命丧黄泉呢！

"我总觉得，学业不精的年轻医师最少也得葬送掉 12 个病人的生命后，才有资格行医。"这是某大学一位老校长说的话。

一个青年牧师如果没有掌握扎实的神学知识，就不会得到人们的信任，虔诚的信徒才不会忍受这种骗局。神学学生应当刻苦研读课本，博闻强记，因为这样的书几乎每个人都有，想骗大家是绝对不可能的。

年轻人在自己的行业经验还不够的情况下，如果过早地开始自己的生意，就会造成不良后果。

德高望重的牧师都在苦心地劝那些青年神学者千万不要过早地从事牧师职业，因为这样不利于他们的前途，也不利于基督教的发展。

我希望所有的年轻人都能听到这种声音。我认为年轻人都应该参考一下"拿撒勒青年"以及以色列的革新者的成长史，这对他们是非常有益的。

现在全国的书籍多得数不过来，年轻人可以多读一些关于法律、政治以及神学方面的书籍，并且多加思考，这样才能增长自己的知识和才干。蒂莫西，人们常常称他为"年轻的蒂莫西"，他年轻有才，30岁的时候才成为一位牧师，那么他为什么不像其他年轻人一样18岁或20岁的时候就涉足此领域呢？还有，他为什么偏偏要等到30岁时才开始呢？因为他在30岁之前，还在不断地学习更多的知识，所以，正是这种积累，才使他成为一位合格的牧师。

有的年轻人也经常问这样的问题："我到底还要等到什么时候才可以开始自己的生意呢？"其实年轻人不应该这样问，他们应该问："我现在有资格开始自己的事业吗？"一个人在生意场上要做到尽善尽美是不可能的，但是，积累足够的经验和知识却是可以做到的。不要盲目地开始做生意，脚踏实地地积累知识和经验才是迈向成功的关键所在。

一般说来，在有些国家，要学一门简单的手艺需要七年时间，而在美国，很多人连这一半的时间都坚持不了，他们总想走"捷径"。而且有这种想法的人越来越多，真是令人惋惜啊！

我坚信，世界上存在一条非凡的征途，它既是知识的殿堂也是财富的源泉，这条路非比寻常，它引领学子们拓宽思维的疆域，不断充盈其智慧的宝库。在这段洋溢着成长喜悦与智慧累积的旅程中，学生们逐渐练就了解决纷繁复杂问题的能力，直至能够驾驭多数难题于股掌之间。

所以，在追求财富的道路上，我们应该满怀信心地迈出步伐，深入探究其运作的规律，洞悉这门深奥的学问，因为"唯有人，方能透彻理解人之奥秘"。随着智慧与能力的不断提升，你会发现，所累积的经验如同一座日益丰富的宝藏，每日都在为你的资本之塔添砖加瓦。这笔财富不仅自然增长，还通过利息与多元渠道自行扩增。

作为美利坚民族的一员，美国人普遍怀揣着迅速累积财富的梦想，这种梦想往往促使他们追求速度而非深度，在处理事务时可能未能做到尽善尽美。然而，值得注意的是，任何一位在其领域内超越同行，以严谨的习惯和无可挑剔的人品为基石的个体，都将不可避免地吸引大量的支持与资源。

财富，作为对其卓越成就的认可，自然而然会随之而来。因此，让我们将"追求卓越"作为人生的座右铭，并坚定不移地践行之。因为在这条道路上，失败一词将失去其定义，取而代之的将是不断攀登高峰、实现自我超越的辉煌历程。

怀抱希望，但需脚踏实地

许多人因为缺乏现实感和长远规划，而长期处于贫困的境地之中。他们往往被不切实际的想法所驱使，对每一个新项目都抱有过于乐观的期待，认为每一次尝试都必然能带来成功。这种心态导致他们频繁地在不同的生意之间转换，却从未真正脚踏实地扎根某一领域，深入钻研、积累经验。

这种"在痛苦的折磨之下"不断转换方向的行为，不仅浪费了宝贵的时间和资源，更让他们始终无法摆脱贫困的枷锁。正如古语所说，"小鸡被孵出来之前，就先数数"，这种提前预设结果、忽视过程艰辛的做法，是极为荒谬的。在今天这个日新月异的时代，这种谬误依然普遍存在，它提醒我们要保持清醒的头脑和务实的态度。

为了改变这种现状，我们需要培养更加理性的思考方式，树立长远的眼光。在做出任何决策之前，都应该进行充分的调研和风险评估，确保自己的计划既符合现实条件又具备可持续发展的潜力。同时，我们还需要学会坚持和耐心，在选定的领域内深耕细作、不断精进，直到真正掌握核心竞争力并获得市场话语权。只有这样，我们才能在复杂多变的市场环境中立于不败之地，实现个人和社会的共同繁荣。

避免分散自己的精力

专注一项生意并持之以恒地努力，直至成功，或根据经验做出调整，是一种值得推崇的策略。持续不断地专注一个目标，就像不断锤击一颗钉子，最终总能够将其钉入适当的位置，达到稳固的效果。这种专注不仅有助于提升个人的专业能力和技术水平，更能激发实用性的灵感，从而助力个体在竞争激烈的市场中脱颖而出。

当一个人将全部的注意力集中在一个目标上时，他的思维会更加清晰、敏锐，他能够更深入地洞察市场的需求和变化，从而做出更加精准、有效的决策。相反，如果一个人的大脑被多个不同的问题所占据，他可能会感到应接不暇、分心乏术，从而错失宝贵的机遇和灵感。

俗谚说："不要一次在火里放太多铁条。"这一古老俗语告诫我们，不要贪多否则会嚼不烂，不要同时涉足过多的领域或项目，以免分散精力、资源不足，最终导致一事无成。相反，我们应该集中精力、聚焦核心，通过深耕细作来打造自己的竞争优势和品牌影响力。

对于那些渴望成功的人来说，专注一项生意并持之以恒是非常重要的。同时，需要保持敏锐的洞察力和灵活的思维方式，以便在市场变化时能够及时做出调整和优化。只有这样，才能在竞争激烈的市场中立于不败之地，实现自己的财富梦想。

洞察时事，把握财富脉搏

作为一个生意人，我们不仅要把自己的全部心思放在如何提高财富收入上，还必须洞察时政，时刻把握财富脉搏，掌握时事动向，以便及时地调整生意走向，避免不必要的亏损。那么，如何才能做到了解时事动向呢？

我认为，确保手边常备一份权威且富含价值的报纸，可以维持对时政和商业领域动态的全面认知。忽视阅读报纸的人，在无形中设置了一条信息鸿沟，拉开了与同行之间的距离。

在这个电信与蒸汽技术蓬勃发展的时代，各行各业正经历着无数重大的创新与改进，那些不借助报纸这一媒介的人，很快便会发现自己及其业务将被时代的浪潮抛诸冷漠的边缘之外。

避免盲目投资

在现实生活中，我们常常会发现，已经获得财富的人突然间又变得一无所有，这是什么原因造成的呢？调查表明，这种情况往往是由于无节制的行为、过于冒险的投资或扩张以及社会环境和个人心理等多种因素共同作用的结果。

有些人在获得一定财富后，变得过于自信或贪婪，进而进行高风险的投资或扩张。然而，这些计划往往没有经过充分的调研和风险评估，便以赌博的心理开始施行，结果便会以失败告终，导致财富的大幅缩水。对于那些缺乏自控力、追求即时快感的人来说，赌博是一个巨大的诱惑，将不断吞噬着他们的财产。

这类人在通过合法的经营并累积起可观的财富之后，当有人向他透露一桩极具吸引力的投机生意，声称能让他轻松赚取巨额利润，甚至高达数万美元，他便动了心。加之他身边围绕着一群阿谀奉承的朋友不断拱火，不停地吹捧他命中注定幸运非凡，只要经他之手一切都能点石成金，他自然会飘飘然，忘了自己是谁。

此刻，他忘却了往日节俭的美德、诚实守信的品格，以及专注自己擅长领域并持之以恒的原则。这些他以往成功的基石，被这股诱人的潮流所裹挟。于是，他做出决定："我决定投入两万美元。我一直以来都是幸运的宠儿，相信我的好运会迅速回馈给我，带来六万美元的丰厚回报。"

结果时光流转，他发现自己不得不再次追加一万美元的投资。不久之后，虽然被告知"一切进展顺利"，但突如其来的变故又要求他再次预付两万美元，那人承诺这将给他带来前所未有的丰厚收益。然而，在期待中的收获之日到来之前，泡沫倏然破灭，他辛苦积累的一切财产化为乌有。

这次惨痛的教训让他深刻领悟到原本就该坚守的真理：一个真正成功的人应当专注于自己熟悉的业务领域。一旦偏离了这条轨道，错误地涉足自己并不了解的领域，就如同传说中的萨姆逊，一旦头发被剪断，失去了力量的源泉，最终也只能沦为芸芸众生中的一员，不再拥有往日的辉煌与力量。

当一个人财富充裕时，他确实可以考虑将部分资金投资在那些看似前景光明、有望带来成功且对社会有益的项目上。这样的投资不仅可能为他带来经济回报，还能促进人类福祉。然而，投资需要把握一个度，要确保在合理且可控的范围内。

重要的是，他应当避免盲目跟风或冲动行事，尤其是当涉及自己不熟悉或毫无经验的领域时，应通过合法途径去辛勤积累财富，不应轻率地投资未知领域。明智的做法是，在做出投资决策前，进行充分的研究和风险评估，确保自己的投资既符合个人财务状况，也在自己的专业知识和能力范围之内。

总之，合理的多元化投资是值得鼓励的，但前提是必须保持谨慎和理性，避免让贪婪或无知成为财富流失的导火索。

顾客至上，以礼相待

在做生意时，礼貌与友善始终是商家对顾客最明智的待客之道。一旦你或你的团队以粗鲁的态度对待顾客，即便你拥有宽敞的店铺、华丽的招牌以及铺天盖地的广告，这些都将显得苍白无力，难以挽回顾客的心。商家的友善与慷慨程度，往往能吸引顾客给予更多的正面反馈与回报，正所谓"以爱换爱"。那些能够提供充足且品质优良产品，同时确保顾客以最低成本获得它们的商家，将会赢得长远且最为辉煌的成功。

这深刻体现了一则古老黄金法则的核心：己所不欲，勿施于人；己所欲，施之于人。遵循这一原则，你将比那些仅仅追求短期利润，对顾客态度冷漠，仿佛每一笔交易都要榨取最大价值的商家，赢得更多顾客的心。后者那种将顾客视为一次性交易对象，仿佛再也不愿相见的商家，终将自食恶果。因为，他们真的会失去这些顾客，顾客永远不会再回到他们的身边。毕竟，人们既不愿无故多花钱，也不愿遭受冷遇或被忽视。

我的展览馆举办了一次隆重的会展。当第一天会展结束时，我的一位接待员告诉我，刚离开展厅，他就产生了想要狠狠训斥一番刚才还在展览厅里的某个人的冲动。

"为什么会有这样的想法呢？"我询问道。

"因为他竟然说我不够绅士。"接待员回答道，语气中带着些许不忿。

"别太往心里去，"我安抚道，"他毕竟已经支付了费用，而你训斥他并不能让他真心认可你的绅士风度。我可不愿意承担失去一个顾客的风险。如果你真的这么做了，他不仅会永远不再踏入这个展览馆，还会劝说他的朋友们也远离这里，转而去其他的展览馆。这样一来，我将是受损失最严重的一方。"

"但他真的伤了我的自尊。"接待员低声嘟囔着。

"你说得对，"我回应道，"如果他是展览馆的主人，而你付费获得参观的机会，他对你无礼，那你确实有一定理由抱怨。但现在的情况是，顾客支付了费用，我们为他提供服务，因此我们需要对他们的不礼貌行为保持一定的容忍度。这是服务行业的待客之道。"

接待员对我的话表示赞同，称这确实是无可争议的正确策略。不过，他调皮地补充说："如果我真的得时常忍受这种辱骂来为你增加收益的话，你至少要给我涨点薪水，才显得更公平！"

我告诉他，如果他经常遇到类似不讲道理的人，我会考虑他提出的建议，接待员这时脸上才露出了笑容。

保护自己的商业秘密

每个成功的商人都有自己独到的技巧和心得，这些心得是他们取得成功的独门秘籍，也是他们的生意越做越大的基础。大部分人对这类东西守口如瓶，但是也有些人不懂得珍惜这些。

他们养成了一个不明智的习惯，那就是轻易向他人透露自己生意的秘密。一旦他们取得了经济上的成功，便迫不及待地与邻里分享成功的秘诀。然而，这种行为往往无法带来任何实质性的益处，还常常招致不必要的麻烦和损失。因此，保持谨慎，避免谈及你的利润、期望、计划或意图是至关重要的。

这一原则不仅适用于面对面的口头交流，也应延伸至书面文字。正如戈伊特所言："笔下须谨慎，一字千金重，既不言过其实，亦不轻言毁谤。"作为商人，书信往来是不可避免的，但一笔一画都应经过深思熟虑，确保所传递的信息既准确又无害。

特别是在面临财务困境时，更需加倍小心，避免泄露任何可能损害个人或企业声誉的信息。虽然亏损是商业活动中难以避免的情况，但如何妥善处理这些信息，则考验着商人的智慧与判断力。记住，保护好自己的商业秘密和财务状况，是维护个人及企业长期发展的关键所在。

商业秘密是我们经营的企业的重要资产，其保护范围广泛且具体。我们应当根据自身情况，明确界定商业秘密的范围，并采取相应的保密措施，以确保商业秘密的安全。同时，我们还应当加强员工保密意识的培养，防止因员工疏忽或故意导致商业秘密的泄露。

以诚实正直的品格赢得长久财富

对商业领域里的人来说，诚实经商是第一要诀。可以这么说，诚实的人在这个世界上是有着无限发展前景的。而不诚实的人则处处碰壁，最终将无路可走。不要以为存在无伤大雅的谎言，在这个世界上，所有的谎言都不是无关紧要的，都是不可原谅的。

不要相信商家贴出的"全市最低价""挥泪大甩卖""跳楼价""成本价""低价甩货""批发价"等广告，这都是商家惯用的欺骗伎俩，虽说"无商不奸"不完全对，但也代表了一种倾向。

"高贵是离不开正直、真理、公平的支持的。"美国一个著名的政治家在给他儿子的信中写道："而谎言则来源于虚伪、自私、卑鄙以及其他肮脏的思想，这些思想是经不起考验的，谎言最终要大白于天下的。说谎之人无法获得人们的信任和支持，更不用说敬重了，而一个人如果不能取得别人的配合和支持，在这个世界上是无法取得任何成绩的。正直、诚实、公平才是做人、做事之根本。"

《西部》杂志上曾记载了这么一个小故事：

一个人上了火车，找到一个座位坐了下来，并把行李放在旁边的空位上。上车的人越来越多，这时，又上来一位先生，他看了看放在空位上的行李，问："这位上有人吗？"先上车的那个人说："有人，去门口吸烟了，这是他的行李。"这位先生产生了怀疑，又说："那我先坐一会儿，等他回来，我再把位子还给他。"说着这位先生把座位上的行李放在了行李架上，自己坐了上去。先上车的那个人十分生气，但又不好说什么。

不久，先上车的那个人到站要下车了，他去拿放在行李架上的行李。"先生，你为什么拿这个行李，你不是说这个行李是一个在门口吸烟的人的吗？"后面上车的那个人说。一时解释不清，两人大吵起来。乘务员知道情况后对先上车的那个人说："这样吧，由我暂时保管这件行李，我会把它放在车上，如果没人认领，那它就是你的。"先上车的那个人没有办法，在众人的哄笑声中，红着脸空着手下车了。直到第二天，他才被通知去取回行李。他之所以受到了惩罚，是因为他不诚实，撒了谎。

"一个人千万不要认为说一次谎无关紧要。"玛格丽特·桑斯特说，"因为一则寓言告诉我，一个人一旦讲了一句谎话，就不得不讲更多的谎话，直到他真正悔悟为止，这样，情形就会很糟糕。我们知道，一颗再美丽的钻石也会因一个小小的瑕疵而贬值。说谎之人就像一个有了伤口的水果，很快会腐烂掉。"

年轻人如果能做到所说的每一句话都真实，许下的每一个诺言都能兑现，应邀的每一次约会都能忠实遵守，那么他将和乔治·皮博迪一样获得崇高的声誉，赢得所有人的敬重。年轻人要做到这一点，首先就要把自己的声誉看得极为重要，而且要保证有坚定的意志。

南北战争期间，一次罗伯特·李将军率领军队准备向葛底斯堡进军，却不知道军队实际上向着哈里斯堡方向前进。一个农民的儿子恰巧知道了这件事，他把军队应该前往的正确方向通过电报告诉了将军。将军看过电报后说："我愿意以付出右手的代价来换取此消息的真假。"这时，他手下的一个士兵说："将军，我知道这个男孩，放心吧，他是个诚实的人。"将军听后毅然按照这个农民的儿子指示的方向开进，15分钟后，军队安全抵达了葛底斯堡。

诚实是一种美德，每个人都应该具备。

商业领域中，更要讲究人与人之间的诚实，只有这样，合作才会长久。劳伦斯·斯特恩说："不要与那些不诚实的人交往。"不可否认，买卖中确有靠欺骗获得成功交易的事情，但是，这种成功只能是最初的几次，当人们不再信任你的时候，你的生意也就做到头了。

迈诺特·萨维奇有一个非常精明的商人朋友，一次两人就生意中是否要讲究诚信进行了一番争论。他的这位商人朋友认为，利用对方的无知在交易中获取更多的利润不违背诚实经商的初衷，他还说利用对方的无知获利是不会受到谴责的，因为只有他自己知道真相。而迈诺特·萨维奇却认为，这种情况严重违背了诚实交易的商业原则，同时也违背了诚实做人的原则。

难道你可以利用你邻居的无知而欺骗他吗？如果那样做了，那你就不是一个正直、诚实的人。

对于一个商人来说，有一条定律是不可违背的，那就是"为顾客着想"。据我所知，著名商人菲利普·伍茨刚刚步入商业界做生意的时候，经常拿着他的账本，向上帝发誓他赚的钱绝对对得起他的良心。现在交易都讲究双赢，只为满足私利而置对方的利益于不顾，这有悖诚实交易中等价交换的原则。

很多在商业领域中闯出一番名堂的创业者都曾说，他们很在意交易客户的利益。美国一个很有名望的商人说，他的经商准则是尽自己最大能力让顾客满意。他说一个失望的顾客是永远不会再踏进他的商店的，这会令他很伤心，对他自尊心也是个打击，他把诚信视作与顾客打交道的第一要旨。

年轻人想成功的心太热切，因此显得有些急功近利，有些时候，总容易忘记交易客户的要求和利益，这不免违背了诚信交易的原则。

有些时候，雇员之所以有了不诚实行为，往往是雇主一手造成的。雇主应该吸取这个沉痛的教训。纽约法官克雷恩最近正在尽己所能劝说一名雇主放弃对一名雇员的诉讼，这名雇员偷了店里一件不值几个钱的小物件。法官认为，这名雇员之所以有了这次偷窃行为，与他每周只有 5 美元的周薪有着直接关系。法官沉重地讲起了他年轻时在纽约的经历："我拼了命地工作，每周却只能得到可怜的 2 美元。2 美元连吃饭都不够，我一周创下的价值最少也得 50 美元，黑心的雇主待我像条狗。一次我空着肚子，拿着公司的 2500 美元去为公司办事。说实话，那一刻我想到了偷窃，但一想到我的妈妈一遍一遍告诉我做人要诚实，我把伸出的手又缩了回来。我永远忘不了那一幕、那一刻，我如同这个年轻的雇员，站在了危险的边缘，不知进退。"

雇主们有时真的需要好好想一想，该怎样对待雇员。

著名商人斯图尔特的成功也来源于他的正直诚实。"在我看来，任何辞藻华丽的广告也不如做到诚实守信，在你的事业中若一直贯穿着诚实守信，你必定会成功。"

美国总统林肯在做律师的时候，他的正直诚实远近闻名，每一个客户都非常清楚，如果自己是站在正义的一方，林肯一定会仗义出手帮自己打赢官司，而如果自己站在非正义一方，林肯会对自己说："从这案子本身考虑，想要胜诉不是做不到，但我却不能这样做，因为要你胜诉有欠公平。当我站在法官面前为你申诉时，我的良心会对我说：'林肯，你不诚实。'而我无法违背我的良心，因此请你另请高明。"林肯的正直诚实深入他的血脉之中，这一点每一个人都非常清楚。

正直诚实是一笔真正值得珍惜的财富。很多商人在那次芝加哥大火中失去了全部财富，但很快就恢复了元气东山再起，有的甚至还发展壮大了许多。不要疑虑他们为什么能迅速崛起，只是因为他们有最好的资本——他们的诚信。诚信使他们获得了商业机构的绝对信任，他们可以利用自己的诚信从银行贷出成千上万美元，可以不用一文钱提走千万美元的货物，大火虽毁掉了他们的财富，却无法毁掉他们的声誉。

当有人问圣·路易斯银行主席为什么可以借给那些没有抵押品的人钱时，圣·路易斯是这样回答的："他们不是没有抵押品，他们诚实正直的品格就是最好的抵押品。虽然他们不富有，但他们也从不借贷超过他们偿还能力的钱款。"还有一个银行家说得更直接，他说他宁肯把钱借给讲信用的穷人，也不把钱借给有偿还能力却不诚实的富人。从中，我们不难看出，明智的商人是非常重视诚信的。

一个有着良好声誉的商人这样告诫一个年轻人："保持你诚实的品格吧！许多商家可能因你的诚实而肯把全套设备赊给你。你的信誉使你胜过那些有着10000美元而不讲信誉的人。"

一个著名商人还说道："实际上，每个年轻人都可能赚到大钱，只要他有一批和他一样讲究诚信的朋友，而要拥有这些朋友，同样要通过诚信来获得。"

如果想要在商业领域中有一番作为，就必须遵守商业规则，那就是必须做到言而有信。你一旦踏入这个圈子，你的一举一动都会被记录在案，如果你做出了有损信誉的事情，你就会遭到冷遇，渐渐就会被踢出局。如果你一直诚信有加，你会发现你的生意越做越顺。商人是一定要讲求信誉的，商业机构和银行家往往根据商人对顾客的信誉来决定自己的行动。

商业机构和银行家有一套系统来保护自己免受欺诈，他们设立的类似"情报机构"的部门专门负责收集调查所有商业行为，包括交易双方、交易背景以及交易的性质和细节，特别是对交易是否公平，是否存在欺诈行为调查得详详细细，并记录在案。对于每一个商人来说，这些记录也许有利于他们与商业机构和银行合作，也有可能不利于他们之间合作。

虽然说商业机构和银行所做的这些防范措施并不一定能确保自己不受欺骗，但对防止那些经常行骗的人或商家还是有一定作用的。

第三部　巴比伦首富的秘密

［美］乔治·克拉森 著

该书的作者是乔治·克拉森（George S.Clason 1874—1957），他出生于美国密苏里州路易斯安那市，并在内布拉斯加大学接受教育。乔治·克拉森在出版业有着深厚的背景，他创立了克拉森地图公司，并生产了第一张美国和加拿大的公路地图。此外，他在西班牙对美国战争中服役于美国军队，这段经历对他的人生观和写作产生了重要影响。1926年，他首次出版了一系列关于财务成功秘密的小册子，这些小册子后来被汇编成《巴比伦首富的秘密》一书，该书在银行业和保险业产生了巨大的影响，并成了数百万人的必读之作。

神秘信件的启示

巴比伦的繁荣盛世

倘若现代人能够穿越时空的界限，追溯至人类文明的最初曙光，那么，"巴比伦王国"这一令人叹为观止的奇迹，必将毫无遮掩地跃然于你眼前，引发出无尽的赞叹与遐想，激起心灵深处的层层波澜。

坐落于幼发拉底河与底格里斯河交汇处的巴比伦，无疑是一座举世瞩目的古老都城。大约在公元前1890年，阿摩利人选定巴比伦作为他们的政治中心，从而孕育出辉煌的古巴比伦文明。然而，随着杰出君主汉谟拉比的离世，巴比伦陷入了长达500余年的动荡不安，饱受异族侵扰之苦。

直至公元前7世纪末，尼布甲尼撒二世以其非凡的才能，引领巴比伦重获新生，新巴比伦王国在此基础上崛起。但好景不长，仅仅80多年后，新巴比伦的辉煌便在波斯人的铁蹄下黯然落幕，这座曾光芒万丈的古城逐渐湮没于岁月的尘埃之中，连同其众多未解之谜与辉煌历史，一同沉寂于广袤的荒野，留给后世无尽的遐想与探索的渴望。

巴比伦的繁荣与富有并非偶然，而是深深植根于其独特的文化和理财智慧之中。后来出土的静默而神秘的泥板，作为古代巴比伦人智慧的结晶，不仅记录了他们的日常生活、宗教信仰和法律制度，更蕴含了他们对于财富积累、管理和增值的深刻理解和独特见解。

通过研究和解读这些泥板上的文字，我们可以窥见古代巴比伦人如何运用自己的智慧和勤劳，创造出令人瞩目的财富。他们不仅掌握了财富积累的基本法则，如节俭、储蓄和投资，还形成了自己独特的理财理念和策略，如分散投资、风险控制和长期规划等。这些法则和秘诀在当时的社会环境中发挥了巨大的作用，帮助巴比伦人实现了财富的持续增长和繁荣。

对于今天的人们来说，巴比伦人的理财智慧同样具有深远的意义和价值。在现代生活中，我们往往容易忽视理财的重要性，盲目追求快速致富的捷径。然而，巴比伦人的故事告诉我们，真正的财富积累需要耐心、智慧和坚持。通过学习他们的理财法则和秘诀，我们可以更加理性地看待财富，制定适合自己的理财计划，实现财富的稳健增长。

本书将带领我们一同走进巴比伦人的理财世界，探索那些古老而智慧的理财法则。我们将从巴比伦人的故事中汲取灵感，学习他们如何运用自己的智慧和勤劳创造财富，并将这些宝贵的经验应用到我们的现实生活中。相信通过对这本书的阅读和学习，我们能够更好地掌握理财的精髓，实现自己的财富梦想。

在您即将踏上这段探索巴比伦理财智慧的旅程之前，您的理解和态度至关重要。以下几点，我相信将为您的学习过程奠定坚实的基础：

1.历史的智慧是永恒的真理。世界在不断变化，但历史的深邃之处往往蕴藏着不变的法则与真理。这些经过时间考验的智慧，如同璀璨的星辰，指引着我们在复杂多变的世界中前行。在理财领域，同样存在着这样一些历久弥新的原则，它们不受时代变迁的影响，始终为追求财富的人们提供着宝贵的指导。

2. 回归简单，洞见本质。在现代社会，我们往往被纷繁复杂的信息所包围，容易迷失方向。然而，真正的智慧往往隐藏在简单有效的本质法则之中。巴比伦人的理财智慧之所以历久不衰，正是因为他们抓住了财富积累的核心要素，并以简洁明了的方式呈现出来。因此，在学习本书的过程中，请保持一颗宁静的心，尝试从复杂中抽离出来，寻找那些简单而有力的真理。

3. 虔诚与敬畏，通往财富之路。对于书中的法则，我们应怀有虔诚与敬畏的心态。这不仅是对古代智慧的尊重，更是对自己财富梦想的负责。当我们以这样的心态去学习和实践这些法则时，它们将成为我们实现财富目标的强大助力。无论你的目标是财务自由还是成为最富有的人，这些法则都将为你指明方向，助你一臂之力。

本书的结构体系严谨、内容逻辑清晰，它将带你深入探索巴比伦人的理财智慧，揭示那些最经得起考验的千古真理与法则。无论你从事何种职业、拥有多少财富，只要你愿意遵从书中的法则行事，你都将能够不断扩增自我、家庭和公司的财富。

最后，祝愿你在这段致富之旅中能够收获满满。愿您不仅能够获得物质上的富足，更能在心灵上得到深刻的体验和感悟。愿好运常伴你左右，让这段旅程成为你人生中最美好的回忆之一。

开启智慧之门的第一封信

随着巴比伦考古探索热潮的持续升温，投身这一领域的学者与日俱增。为此，英国科学勘探机构特别设立了美索不达米亚的希拉城研究中心，该中心一位享誉盛名的考古学教授富兰克林·考德威尔，也毅然加入了考古发掘的行列。

半年前，考德威尔教授在一处看似平凡的遗址中，意外地发掘出了 5 块保存异常完好的泥板。他小心翼翼地将这些泥板包裹起来，并通过一艘驶往英国的邮轮，将它们寄往诺丁汉大学考古系，请求挚友什鲁斯伯里教授协助解读泥板上的古老文字。二人相识多年交情深厚，且什鲁斯伯里教授在楔形文字翻译领域造诣颇深。

自寄出信件与泥板那一刻起，考德威尔教授便满怀期待地等待着来自英国的消息。终于，期盼已久的信件抵达了他的手中，他满怀激动之情，迫不及待地拆开了这封来自诺丁汉大学什鲁斯伯里教授的回信。

亲爱的教授：

您好！首先，请允许我表达对您深厚信任的感激之情。您从巴比伦遗迹中发掘出的五块珍贵泥板以及您的来信，搭乘一艘邮轮横渡重洋，已经安全抵达我处，这份历史的重托让我深感荣幸与责任重大。我对这些古老文物兴趣浓厚，迫不及待地投入了大量时间，细致入微地翻译了泥板上镌刻的每一行文字。遗憾的是，由于翻译工作的复杂性和其他学术事务的繁忙，我的回复有所延迟，但此刻，我已将所有译文整理完毕，随信附上。

得益于您的精心呵护与完美包装，这些泥板在长途跋涉后依然保持近乎完美的状态，这无疑是对历史遗产的最高敬意。

在深入解读这些泥板上的故事后，我相信您一定会和我及我的研究团队一样，感到无比震撼。起初，我们满怀憧憬，期待这些远古的泥板能揭开人类祖先神秘而浪漫的生活篇章，如同《天方夜谭》中描绘的奇幻世界一样。然而，随着研究深入，我们逐渐意识到，这些泥板所记载的，并非想象中的英雄传奇或浪漫史诗，而是一个名叫达巴希尔的人如何一步步偿还债务的真实历程。这一研究让我们惊讶地发现，即便跨越了五千年的时光，那个远古时代的经济生活图景竟与今日有着惊人的相似之处。

这一发现不仅为我们揭示了古代社会的经济运作机制，也让我们对人类社会发展的连续性和普遍性有了更深刻的认识。再次感谢您的辛勤发掘与无私分享，期待未来我们能有更多机会共同探讨这些宝贵的文化遗产。

正如学生们所戏言的那样，这些古老的文字仿佛带着一种魔力，"巧妙地与我开了个玩笑"。作为大学教授，我常以广泛涉猎各类实用知识自居，但达巴希尔——这位从巴比伦废墟泥板中跃然纸上的智者，却以一种前所未有的方式，向我传授了关于偿债与致富的独到见解。他展示了一种非凡的策略，即在偿还债务的同时，还能让财富之泉源源不断地流入自己的口袋，这实在是一种令人振奋的思维革新。

我深感这种理念的价值非凡，它不仅富有启发性，更重要的是，我亲自验证了这些古巴比伦方法的现代适用性，证明了跨越千年的智慧依然闪耀着光芒。这不仅仅是对历史的致敬，更是对现实生活的有力指导。

我与我夫人已经开始筹备，计划将这些古老而有效的理财原则付诸实践，以期彻底解决我们自身面临的理财挑战，摆脱那些令人尴尬的财务困境。我们对此充满期待，相信这些原则将引领我们走向更加稳健和富足的未来。

在此，我衷心祝愿您的考古挖掘工作继续取得丰硕成果，每一次挖掘都能揭开历史的神秘面纱，让更多人领略到古代文明的辉煌与智慧。同时，我也热切期待未来有更多机会，能够为您的研究工作贡献我的一份力量，和您共同探索人类文明的宝藏。

考古学教授　什鲁斯伯里　敬上

第一块泥板：月圆之誓

此刻，月光皎洁，正是圆满之时。我，达巴希尔，历经艰险，终从叙利亚的奴隶枷锁中挣脱，重归巴比伦的怀抱。我的心中燃起熊熊烈火，誓要清偿每笔债务，以自由之身，攀登财富巅峰，赢得巴比伦同胞的尊敬与爱戴。我在此镌刻下这段还债旅程的起点，让它如同星辰般照亮我前行的道路，直至我实现那最深切、最热切的心愿。

在马松——我挚友兼智慧的钱庄老板的深切关怀与睿智指引下，我决心踏上一条严谨而坚定的道路。马松之言，如同甘露般滋润我心田，他告诉我，这不仅仅是一条摆脱债务之路，更是一条通往富裕与自尊的康庄大道。

此计划，承载着我长久以来的三大梦想与渴望：

其一，乃是为了我未来的丰饶与安宁。我深知，未雨绸缪方为上策。因此，我立下誓言，将每月收入的十分之一，如同守护神般珍藏起来，不为眼前之需所动，只待风雨来时，方显其用。马松的教诲，字字珠玑，他说："将一时之财，化为长久之安，不仅惠及家人，亦是对国家之忠诚。"我深信不疑，此举定能为我筑起一道坚实的防线，抵御未来的不确定性与风雨。

若一人之囊中常仅余零星铜板，实乃对家人与国王冷漠之至。那些囊中羞涩，乃至负债累累者，无异于对家人之残忍，对国王之不忠，其内心亦必饱受煎熬。

故而，凡胸怀壮志者，必使囊中常有盈余，方能真心爱家，忠诚于国。此乃我计划中首要之务，为未来之富足筑基。

再者，此计划亦是我对家庭责任之承诺。我的爱妻，曾因生活所迫暂归娘家，今已归来，对我坚贞不渝。马松之言犹在耳畔，他说："善待忠妻，乃男子自重自尊之源，亦是其成就人生目标之动力。"因此，我誓将收入的十分之七用于供养家人，确保衣食无忧，更留有余裕以享生活之乐趣。我深知，唯有如此，方能使家人安乐，亦使我内心充满力量，坚定不移地迈向人生目标。

马松又谆谆告诫，为达成我之宏愿，一切开销务必控制在收入十分之七之内，不可逾越雷池一步。我必谨遵此训，决不奢侈浪费，每一分钱都花在刀刃上，确保计划之顺利实施，最终迎来成功之日。

第二块泥板：清偿之路

在这块泥板上，我达巴希尔继续刻录我的还债与重生之路的几个重要篇章。此部分计划的核心，乃是确保我能以诚实与公正之心，逐步清偿那些在我困顿时伸出援手、给予信任的债主们的债务。我深知，这是重建信誉、赢得尊重的必经之路。

因此，我郑重决定，在每个月圆之夜，将我所获收入的五分之一，即十分之二，精确无误地分配给每一位债主，作为偿还他们慷慨借贷的款项。我坚信，通过这样的方式，我终将在不远的将来，彻底摆脱债务的枷锁，重获自由与尊严。

以下，是我根据记忆所刻录的债主名单及他们借予我的银两与铜钱数目，以此时刻提醒自己不忘这份恩情与责任：

法鲁，纺织商，2 银 6 铜；

辛贾，沙发匠，1 银；

阿玛尔，挚友，3 银 1 铜；

詹卡尔，挚友，4 银 7 铜；

阿斯卡米尔，挚友，1 银 3 铜；

哈林希尔，珠宝商，6 银 2 铜；

迪阿贝凯，家父故交，4 银 2 铜；

阿卡哈，房东，14 银；

马松，钱庄老板，9 银；

毕瑞吉克，农夫，2 银 7 铜。

……

尽管前路未知且充满挑战，但我达巴希尔将矢志不渝地执行这一计划，直到所有债务清偿完毕。这不仅是对债主们的承诺与尊重，更是我对自己未来的期许与保证。

第三块泥板：悔悟与重生

在这块泥板上，我达巴希尔，深刻反思了过往因放纵与奢华而陷入的债务深渊以及那段不堪回首的逃亡与奴役生涯。我欠下的债务总额，包括190块银钱与140块铜钱。这些债务如同一座沉重的大山，压得我喘不过气来。正是这份沉重的负担，让我做出了让妻子回娘家求助的无奈之举，更迫使我背井离乡，试图在异地寻找翻身的机会，却不幸遭遇了人生的最低谷。

然而，命运的转机在于我遇到了马松，他如同灯塔一般照亮了我前行的道路，教会了我用收入的一部分来有计划地清偿债务的方法。这一刻，我恍然大悟，曾经的逃避与放纵是多么愚蠢与可笑。我意识到，只有勇敢面对自己的过错，积极寻求解决之道，才能真正摆脱债务的束缚，重获自由与尊严。

于是，我鼓起勇气，逐一拜访了每一位债主，向他们坦陈了自己的现状与决心。我承诺，将把每月收入的十分之二诚实地分给他们，虽然这只是一个微小的开始，但我保证会坚持不懈，直到还清每一笔债务。令我欣慰的是，尽管过程中遭遇了阿玛尔的辱骂与毕瑞吉克、阿卡哈的强硬要求，但大多数债主都表现出了宽容与理解，愿意给我时间，让我有机会证明自己的诚意与决心。

这段经历让我深刻体会到，勇敢面对并努力偿还债务，远比逃避与躲藏来得更加轻松与光明。虽然前路依旧充满挑战，但我已与大部分债主达成了共识，这份协议不仅是对他们的承诺，更是对我自己的鞭策与激励。我坚信，只要我持之以恒地执行计划，终将能够还清所有债务，重获新生。

第四块泥板：月圆之喜与还债之路

随着又一个月圆之日的到来，我的生活正悄然发生着变化。我以更加安然自在的心态投入工作中，而我的妻子则是我最坚实的后盾，她全力支持着我的偿债计划。上个月，我为骆驼商纳巴图成功购进了一批优质的骆驼，因此获得了 19 块银钱的丰厚报酬。我严格按照计划分配这笔收入：十分之一储存起来以备不时之需，十分之七交给妻子用于家庭开支，剩下的十分之二则平均分配给债主们。

阿玛尔虽然未能亲自相见，但他的妻子代为接受了还款，这让我心中稍感宽慰。毕瑞吉克在收到还款时的喜悦之情溢于言表，而阿卡哈虽有些许不满，但在我的诚恳解释下也渐渐平息了怒火。大多数债主都对我的努力表示了真挚的感谢和认可，这让我深感欣慰。

随着债务的一点点减少，我的心情也愈发轻松。在接下来的两个月里，虽然业绩有所起伏，但我们始终坚守着计划，无论是收入丰厚还是微薄，都坚持按比例分配。当我用微薄的收入偿还阿玛尔和毕瑞吉克时，他们的鼓励和赞扬让我倍感温暖。阿卡哈虽然有时情绪激动，但在我的坚持下也逐渐接受了现实。

终于，在第三个月圆之日来到时，我迎来了事业的转机。我幸运地遇到了一群品质上乘的骆驼，并成功为主人购进了一批。这次我获得了 42 块银钱的丰厚薪水，这是我们夫妻俩久违的丰收。我们用这笔钱购买了必需品，还品尝到久违的羊肉和禽肉，生活仿佛又回到了正轨。更重要的是，我们拿出了超过八块的银钱还给债主们，连阿卡哈也露出了满意的笑容。

三个月的时间转瞬即逝，我始终坚持着每月存下十分之一的收入，尽管有时生活拮据，但我们从未动摇过决心。如今，我的口袋里已经积攒了21块银钱，这份成就感让我重新找回了自信和尊严。妻子也将家庭打理得井井有条，我们再次穿上了体面的衣服，享受幸福的生活。

回首这段历程，我深刻体会到这项计划的巨大价值和效果。它不仅帮助我逐步摆脱了债务的束缚，更让我重拾了自由与尊严。我深知，这一切都离不开我和妻子的共同努力与坚持。未来的路还很长，但我相信只要我们继续秉持这份信念和决心，就一定能够创造出更加美好的生活。

第五块泥板：债务清偿的喜悦与未来的展望

随着又一个月圆之日的到来，我达巴希尔，站在了人生的一个重要转折点上。自从我刻下第一块泥板以来，十二个月圆的轮回见证了我从债务缠身到重获自由的艰辛历程。今天，我终于还清了最后一笔债务，这份喜悦与解脱难以言表。

我与妻子共同庆祝这一历史性的时刻，宴席上的欢声笑语是对我们勇气和决心的最好诠释。在偿还债务的过程中，我深刻感受到了人性的温暖与变化。阿玛尔，这位曾经对我严厉指责的朋友，如今却诚恳地向我道歉，并表达了他对我的敬佩之情。阿卡哈，那位曾经对我冷言冷语的房东，也对我刮目相看，甚至愿意在未来继续支持我。这些变化，让我更加坚信，真诚与努力能够改变一切。

回顾这段还债之路，我深知是马松教给我的理财计划让我得以重获新生。这个计划不仅帮助我摆脱了债务的束缚，更让我学会了如何管理财富、积累资产。我深信，这个计划对于每一个渴望财富自由的人来说都是宝贵的财富。它告诉我们，只要坚持执行、不懈努力，就一定能够摆脱困境、实现目标。

考德威尔教授在研读达巴希尔的故事时，也被这份计划的魅力所深深吸引。他意识到，这片古老的废墟中蕴藏着无数关于理财和致富的智慧与秘诀。于是，他下定决心要深入挖掘这些宝藏，为现代人提供有价值的理财指导。

在接下来的时间里，考德威尔教授不仅继续他的遗址发掘工作，还广泛收集与财富相关的泥板。经过初步筛选，他发现其中398块泥板极有可能与理财法则和财富故事相关。面对这些珍贵的资料，他既兴奋又焦虑。他知道，要将这些泥板完好无损地带回英国并准确翻译出来并非易事。然而，他并没有放弃，而是更加坚定了自己的信念。

正当考德威尔教授为翻译工作感到头疼时，诺丁汉大学的什鲁斯伯里教授的来信如同及时雨一般为他带来了希望。这封信不仅让他看到了合作的曙光，更让他对未来充满了信心。他知道，有了什鲁斯伯里教授的帮助，他一定能够揭开这些泥板背后的秘密，为现代人揭示出古老的理财智慧与致富之道。

考古学教授的第二封信

尊敬的教授：

若您在继续探索巴比伦遗迹的征途中，有幸邂逅了那位古巴比伦骆驼商人达巴希尔的灵魂，恳请您代我传达一份深情厚谊。请告诉他，他昔日在泥板上镌刻的亲身经历，历经岁月洗礼，如今已深深触动并赢得了现代英格兰众多大学师生的感激与敬仰，这份敬意将伴随他们终身。

您或许还记得，两年前，在我的回信中，我曾提及与我的伴侣正致力于实践达巴希尔先生的智慧之举，就是在不懈偿还债务的同时，也默默积蓄着未来的希望。尽管我们竭力不让周遭的友人察觉生活的拮据，但我相信，您以自己的敏锐洞察，早已洞悉了我们的不易。

多年来，债务如同沉重的枷锁，让我们饱受折磨与屈辱。每个日夜，我们都生活在恐惧之中，生怕债主或商家的追讨声会传遍四邻，将我们推向舆论的风口浪尖，甚至威胁到我在学府的立足之地。尽管我们倾尽所有，省吃俭用，只为早日逃离债务的泥潭，但似乎总有一股无形的力量将我们拉回原点，旧债未清，新债又至，形成了一座难以逾越的高墙。

为了应对这无尽的困境，我们不得不向那些愿意提供更多赊账的商店妥协，即便那里的商品价格昂贵得多，我们也只得默默承受。这样的日子，日复一日，年复一年，我们仿佛被卷入了一个无解的漩涡，挣扎得越厉害，就陷得越深，希望的光芒似乎越来越遥不可及。

由于长期累积的房租债务，我们甚至无法抽身离开这座宽敞却沉重的居所，去寻找更为经济的栖身之地。绝望的情绪如同乌云般笼罩着我们，让人喘不过气来，似乎所有的努力都只是徒劳。

然而，在这最黑暗的时刻，命运之轮悄然转动，我们幸运地遇见了您所提及的古巴比伦骆驼商达巴希尔的智慧之光。他的故事，刻在古老泥板之上，却如同明灯一般照亮了我们前行的道路。那不仅仅是一个人的奋斗史，更是我们内心深处渴望的解脱与重生。我们被深深鼓舞，决定遵循他的计划，重新规划我们的未来。

于是，我们鼓起勇气，面对现实，一一列出那些沉重的债务清单，并逐一与债主核对。这一步，虽然艰难，却也是我们迈向自由与希望的第一步。

在与债主们的坦诚交流中，我明确指出，若继续当前的状况，我们将永无摆脱债务之日。通过我提供的详细清单，他们清晰地看到了我们的实际困境。随后，我提出了一个明确的解决方案：将每月薪水的十分之二平均分配给每位债主，以此作为偿还债务的方式，预计两年内能彻底清偿所有债务。同时，我强调这一计划将使我们逐步恢复现金支付的能力，对他们而言，也意味着将享受到现金交易的诸多好处。

债主们展现出了难得的宽容与理解，其中一位精明的商人更是对我们的策略表示高度赞同。他指出，转为现金支付不仅能减少赊账带来的负担，更是对我们信用状况的一种积极改善，毕竟我们已经很长时间没有使用过这样的交易方式了。

经过协商，我们与所有债主达成了共识，只要我坚持每月按时分配薪水的十分之二用于还债，他们将不再对我们的生活造成干扰。这一决定，如同开启了一段全新的探险旅程，既充满了挑战，也带来了前所未有的自由与希望。

为了配合这一计划，我们做出了牺牲，暂时放弃了那些曾经钟爱的奢侈品，如高档茶叶等。然而，令人意想不到的是，这一改变反而让我们发现了更为经济实惠的购物之道。我们开始学会在预算范围内寻找品质上乘、性价比高的商品，享受着以更低价格获得更高品质生活的乐趣。这份意外的收获，无疑为我们的债务偿还之路增添了几分信心与喜悦。

实施达巴希尔计划的旅程虽长且充满挑战，但每一步都证明了其可行性与价值。我们严格遵循计划，享受着每一步成长带来的喜悦与成就感。那种逐步摆脱债务束缚、重获自由的感觉，真是难以言表的幸福。

更让我欣喜的是，那额外储存的十分之一薪水，仿佛是我们生活中的小秘密。每当看到存款数字一点点增长，心中便涌起无尽的满足与期待。这种储蓄的乐趣，远胜于随意挥霍的快感。它让我们学会了珍惜与积累，体会到了财富增长的乐趣。

随着积蓄的增加，我们开始探索更为明智的投资方式。每月固定投入十分之一的薪水进行投资，成了我们新的生活习惯。这项投资不仅帮助我们摒弃了过去的消费陋习，更让我们在理财的道路上迈出了坚实的一步。每当月初，我们总是满怀期待地将第一笔资金投入到这个项目中，享受着它带来的希望与可能。

看着投资收益的稳定增长，我们感受到了前所未有的安全感。这份安全感不仅来自物质的积累，更源自我们对自己理财能力的信心。到本学期末，我们预计投资的红利将足以支撑我们过上更为宽裕的生活。届时，我们将不再仅仅依靠微薄的薪水度日，也能够依靠自己的投资收入享受生活的美好。

回顾这段经历，我深感震撼与感激。从前的我，仅凭一份薪水勉强维持生计；而如今的我，却已经站在了财富增长的起跑线上。这一切的改变，都源于我们坚定地遵守了达巴希尔的理财计划。它让我们明白了一个道理：理财并非遥不可及的事情，只要我们愿意付出努力与坚持，就一定能够收获属于自己的财务自由与幸福。

转眼间，今年即将画上圆满的句号，而我们也将迎来一个重要的里程碑——所有债务将彻底清偿。届时，我们将拥有更多的资金用于投资与旅行，享受生活的美好。但请相信，无论未来如何宽裕，我们都将坚守原则，确保支出不超过收入的十分之七，这是我们从达巴希尔的智慧中学到的宝贵一课。

在此，我想再次表达对古巴比伦骆驼商达巴希尔的深深感激与崇高敬意。他的理财计划，如同一盏明灯，照亮了我们走出困境的道路，让我们从债务的泥潭中重获新生。他的亲身经历，无疑是后人最宝贵的财富，提醒我们要从过去的痛苦中吸取教训，学会合理规划财务，实现真正的财务自由。

我深信，达巴希尔在刻写那些泥板时，心中充满了对未来的期许与对后人的关怀。他希望通过自己的故事，让更多人避免重蹈覆辙，走上财务稳健的道路。这份跨越时空的教诲，至今仍闪耀着智慧的光芒，指引着我们前行。

基于我对考古学的热爱与对达巴希尔智慧的敬仰，我决定在明年春季，借助伦敦《每日电讯报》的慷慨资助，亲自前往巴比伦，投身挖掘整理这些古老理财法则的工作之中。我相信，这将是一次意义非凡的旅程，我们不仅能够揭开更多关于古代经济智慧的秘密，还能将这些宝贵的经验传承后世，让更多人受益。

在此，我满怀期待地展望未来的合作，相信通过我们的共同努力，一定能取得令人瞩目的成就。感谢您一直以来的关注与支持，期待在巴比伦的挖掘现场与您分享更多的发现与感悟。

考古学教授　什鲁斯伯里

考德威尔教授的心中涌动着难以抑制的激动与期待，当他读到什鲁斯伯里教授的决定时，那份对古老理财法则真实力量的确信，如同潮水般涌来，彻底驱散了他长久以来的疑虑。他深知，这不仅是一次简单的考古之旅，更是一场穿越时空的智慧探索，是对人类古老文明中经济智慧的重新发现与传承。

我们可以想象什鲁斯伯里教授与考德威尔教授并肩作战的场景，两人在巴比伦的废墟中，如同寻宝者一般，满怀热情地翻译着一块块古老的泥板，寻找着那些可能隐藏着惊人秘密的碎片。他们的努力与坚持，既是对古老智慧的虔诚致敬，也是对未来的无限憧憬。

那以后不久，什鲁斯伯里教授果然遵守诺言亲自来到了巴比伦，考德威尔教授立即与他一起投入紧张的破译工作之中。在他们的不懈努力下，那些沉睡了几千年的巴比伦富人的故事与理财法则，如同被施加了魔法般，一一复活于世人面前。这些故事不仅仅是历史的记录，更是关于财富、智慧与生活的深刻启示。它们以生动的语言和鲜活的形象，展现了古巴比伦人在理财方面的独特见解与卓越成就，让人不禁为之惊叹。

更令人震撼的是，这些泥板所承载的财富智慧，其深度与广度远远超出了现代人的想象。它们不仅仅是关于如何积累财富、管理财务的实用技巧，更是关于人生哲学、价值观念与道德准则的深刻阐述。这些智慧如同一盏明灯，照亮了现代人在金钱与欲望之间迷失的方向，引导我们走向更加理性、健康与富有的生活。

考德威尔教授深知，这次发现的意义远不止于此。它不仅是考古学上的一次重大突破，更是对人类文明史上一段重要时期的深刻回顾与反思。它让人们重新认识了古巴比伦这个古老文明的辉煌与智慧，也让我们更加珍惜并全力传承那些跨越时空的宝贵财富。

理财智慧：理财直面债务，绝不逃避

对欠债者来说，勇敢面对债务是迈向财务自由的第一步，它强调责任感、诚实与自律在解决债务问题中的关键作用。下面是面对债务需要遵守的准则。

1. 勇敢面对债务：要知道，面对债务是解决问题的前提。逃避或忽视债务只会让问题变得更糟，这样做不仅会增加利息负担，还可能损害个人信用和人际关系。勇敢地承认并接受自己的债务状况，是迈向解决之路的第一步。

2. 列出债务清单并沟通协商：列出每一笔债务的详细清单，有助于清晰地了解自己的债务状况。同时，与债主进行开放、诚实的沟通至关重要。解释你的困境，提出合理的还债计划，并争取达成口头或书面的还款协议。这不仅能展现你的诚意和责任感，也有助于减轻债主的担忧和不满。

3. 优先保障家庭生活开支：在还债过程中，首先要确保家庭的基本生活需求得到满足。将收入的十分之七用于家庭生活开支，是表达对家人关爱和承担责任的具体体现。一个稳定和谐的家庭环境，是支撑你渡过难关的重要力量。

4. 公平偿债：将收入的十分之二公平、如实地分配给各个债主，是履行偿债承诺的具体行动。这不仅有助于逐步减少债务负担，还能赢得债主的理解和尊重。保持偿债的连续性和稳定性，对于重建个人信用至关重要。

5. 养成储蓄习惯：将收入的十分之一储存起来，是建立财务安全网的重要步骤。储蓄不仅能在紧急情况下提供资金支持，还能为未来的投资和财务规划打下基础。通过养成储蓄习惯，你可以逐渐积累财富，实现财务自由。

6. 遵守量入为出的原则：无论债务是否还清，都要坚持量入为出的原则。这意味着要严格控制开销，确保消费不超过收入的十分之七。这有助于避免你再次陷入债务困境，并为未来的财务规划奠定坚实的基础。

总之，勇敢面对债务、列出清单并沟通协商、保障家庭生活开支、公平偿债、养成储蓄习惯以及遵守量入为出的原则，是解决债务问题、实现财务自由的关键步骤。通过这些努力，你可以逐渐摆脱债务的束缚，重获自由和尊严。

从奴役到富人的蜕变

不要放纵自己的欲望

塔卡德此刻的心情无疑是复杂且焦急的。饥饿感如同一只无形的手，紧紧攥住了他的胃，让他对任何食物都充满了渴望。然而，现实却是残酷的，他身无分文，无法购买任意食物来满足这迫切的需求。

他站在小客栈前，在过往的行人中搜寻着熟悉的面孔，心中充满了期待与不安。他知道，在这个冷漠的世界上，金钱往往比人情更加可靠，但他还是抱着一丝希望，希望能遇到一位愿意伸出援手的朋友。

随着时间的推移，塔卡德的希望逐渐变得渺茫。他开始意识到，或许今天他只能依靠自己的努力去寻找食物，而不是寄希望于他人的帮助。这个念头让他感到既沮丧又无奈，但他也明白，这是成长的一部分，是他必须面对的现实。

就在这时，一个念头突然从他的脑海中闪过。他想起曾经听人说过，有些客栈会提供简单的食物给那些需要帮助的人，虽然这样的机会并不多，但总比没有希望要好。于是，他鼓起勇气，推开了客栈的大门。

客栈内，一股温暖而诱人的食物香气扑鼻而来，让塔卡德的肚子不禁咕咕作响。他紧张地环顾四周，寻找着可能的帮助。就在这时，看起来和蔼可亲的老板娘注意到了他，老板娘走过来，用温柔的声音询问他的情况。

塔卡德犹豫了一下，但还是鼓起勇气将自己的困境告诉了老板娘。他本以为会遭到拒绝或嘲笑，但出乎意料的是，老板娘非但没有嘲笑他，反而露出了同情的神色。她告诉塔卡德，客栈里正好有一些剩下的食物可以给他充饥，并让他稍等片刻。

不久之后，老板娘端来了一碗热腾腾的食物，那香气让塔卡德几乎要流下眼泪。他感激地接过食物，狼吞虎咽地吃了起来。那一刻，他感受到了前所未有的满足和幸福。

吃完饭后，塔卡德向老板娘表达了深深的感激之情。他意识到，虽然生活充满了困难和挑战，但只要我们保持勇气和希望，就一定能够找到解决问题的方法。而在这个过程中，我们或许还会遇到一些意想不到的好心人，他们会在我们最需要帮助的时候伸出援手。

正当塔卡德沉浸在自己的想象之中时，突然与一个人撞了个满怀，他惊恐地抬起头，看到了身材高大、面容严厉的骆驼商人达巴希尔。而这个人正是他众多债主中的一个，他感到无比的羞愧和无助。他知道自己无法逃避债务问题，也无法用苍白的借口来掩饰自己的困境。

达巴希尔看到是塔卡德，转怒为笑，自己正找他要债，没想到他却落到自己的手中。达巴希尔问他今天能否还清自己的欠款，塔卡德结结巴巴地说自己还没有钱，达巴希尔看他的样子不像撒谎，便提出要与他谈谈，并说要告诉他一个有意义的故事。这让塔卡德感到既惊讶又好奇，他不清楚达巴希尔葫芦里卖的是什么药，但内心却涌起了一丝希望。

在达巴希尔的带领下，他们来到了市集旁的一家小餐馆。餐馆里人声鼎沸，热闹非凡，达巴希尔带着塔卡德径直走向了一个安静的角落。坐下后，达巴希尔点了几样简单的菜肴，然后示意塔卡德也坐下来。

塔卡德犹豫了一下，最终还是坐了下来。他感到有些不安，但又有些期待。他不知道达巴希尔会讲什么故事，但他知道，这个故事很可能与他当前的困境有关。

饭菜上桌后，达巴希尔并没有急着开始讲他的故事，而是先让塔卡德吃点东西。塔卡德刚吃过饭，但仍然抵挡不住面前美食的诱惑，他再次埋头于美味的食物中间，直到感觉肚子撑了，才慢慢停下来。达巴希尔在一旁静静地观察着他，眼中闪烁着复杂的光芒。

这时，达巴希尔终于开口了。他的声音低沉而富有磁性，很快就吸引了饭馆所有人的注意，塔卡德也全神贯注地看着达巴希尔。达巴希尔娓娓道来："那是关于我从青春岁月中，如何一步步成长为一名骆驼商人的历程。在座诸位中，是否有人知晓，我曾有一段在叙利亚被迫沦为奴隶的过往？"

此时，听众中响起了阵阵惊叹与议论声，显然被达巴希尔的开场白深深吸引。他对此似乎颇为满意，随后以一种从容不迫的语调继续讲述："自幼，我便跟随父亲，在商海中摸爬滚打。父亲是一位精通马鞍制作的匠人，我在他的作坊里当助手。我还早早地步入了婚姻的殿堂，承担起家庭的责任。那时，我年轻气盛，却缺乏一技之长，我的收入仅够与我那贤良的妻子维持生计。然而，我内心深处却燃烧着对奢华生活的渴望，那些我仅凭一己之力无法触及的珍宝，让我陷入了无法自拔的境地。我开始通过赊账与借贷，来满足自己膨胀的虚荣心。初时，我发现即便无法及时偿还，仍有一些店主愿意信任我，相信假以时日我能还清债务。

"但那时的我，年轻且懵懂，未曾意识到，一个总是入不敷出的人，放纵其实是在亲手为自己挖掘坟墓，终会吞下因放纵而结下的苦果。最终，等待他的将是无法逃脱的困境与深深的羞辱。当时，我像是被某种魔力牵引，不顾一切地为妻子和家人购置了远超我们承受能力的华服与奢侈品，一步步将自己推向了深渊。

"我的钱财如同流水般迅速消逝，没多久便挥霍殆尽。紧接着，一股莫名的忧虑和恐惧笼罩心头，我意识到仅凭自己那微薄的收入，既无法维持舒适的生活，也无法妥善偿还那些累积的债务。商家们纷纷上门追讨我因奢侈消费而欠下的巨款，这迫使我不得不向朋友开口借钱，但终究杯水车薪，无法填补那无底洞般的债务。我的生活因此陷入混乱与绝望之中，家中妻子也因无法承受这重压，无奈返回娘家寻求庇护。而我，则选择了独自逃离巴比伦，前往未知的城市，希望能在那里找到一线生机和改变命运的契机。

"随后的两年里，我投身沙漠商队之中，日夜劳作，但命运似乎并未因此对我有所眷顾，生活依旧艰辛。在绝望与挣扎中，我走上了歧路，与一群凶悍的强盗为伍，开始掠夺那些毫无防备的沙漠商队。如今回首往昔，我深感羞愧难当，这样的行为让我无颜面对自己的父亲。但那时，我仿佛被一层迷雾蒙蔽了双眼，无法看清自己正一步步滑向堕落的深渊。

"我们的首次抢劫异常顺利，收获了大量珍贵的黄金、丝绸及其他价值连城的宝物。我们满怀欣喜地将这些战利品带往吉尼尔城，又在极短的时间内再次将它们挥霍一空，仿佛一切努力都只是徒劳。

"然而，第二次的劫掠却未能延续好运。当我们满载而归，正欲逃走之际，却遭遇了商队雇佣的当地部落士兵的突袭。那些士兵训练有素，我们猝不及防，两名强盗头目被当场打死，而我们其余的人则全被俘虏，最终被押送至大马士革，沦为奴隶，现场拍卖，每人的身价仅值两块银钱。

"我被叙利亚一位沙漠部落的首领买下，他命令人为我剃去长发，披上简陋的腰布，外貌与其他奴隶无异。那时的我，因年轻气盛，竟将这一切视为一场刺激的冒险，未曾料到命运的残酷。直到有一日，主人将我带到他的四位妻妾面前，冷漠地宣布，我将成为她们眼中的'阉人'，任由她们差遣。那一刻，我才恍然大悟，自己已跌入了无尽的深渊。

"那一刻，现实的残酷如寒冰般刺穿了我的心扉，我终于深刻体会到自己处境的悲惨。在这个沙漠之国，男性皆以勇猛善战为荣，而此时的我，手无寸铁，逃脱无望，自由已成奢望，只能任由命运摆布。

"主人的妻妾们以异样的目光审视着我，我站在那里，头低垂着，心脏如鼓点般急促跳动，恐惧与绝望交织成一张密不透风的网。我渴望得到一丝同情与怜悯，但当大老婆希拉那冷漠无情的眼神扫过我时，我知道那是不可能的。我试图从她那里寻找安慰，却只能无功而返，

116

于是我的目光转向别处。随后，一位高傲而冷酷的美妾以轻蔑的目光瞪视我，仿佛我不过是空气中的一粒尘埃。而另外两个年轻的妾室，则在一旁肆无忌惮地嘲笑我，将这一切视为一场令人愉悦的戏码。"

沙漠部落首领老婆的忠告

达巴希尔的叙述让在场的每个人都感到了一种难以言喻的压抑和沉重。他的眼神中透露出深深的痛苦和无奈，仿佛那段经历依旧在心头挥之不去。

"那一刻，我仿佛置身于法庭之上，等待着未知的判决，心中充满了前所未有的绝望与煎熬。时间仿佛凝固，每个女人的沉默都像是无形的利刃，切割着我的心。终于，还是希拉，那个看似冷漠实则心思细腻的女人，率先打破了沉默。

"她淡淡地说道：'我们家中阉人已有不少，但真正懂得驾驭骆驼的奴隶却寥寥无几。近来我正打算回娘家探望病重的母亲，却苦于找不到一个可靠的骆驼夫。你，这个新来的奴隶，可懂得如何驾驭骆驼？'

"主人随即转向我，询问道：'关于驾驭骆驼，你懂多少？'

"我尽力克制住内心的激动与渴望，缓缓答道：'我熟悉如何让骆驼跪坐，也懂得如何为它们装载货物并引领它们长途跋涉而不显疲态。另外，我还能修理骆驼鞍具上的诸多部件，确保旅途的顺畅。'

"主人听后，微微颔首道：'看来你对骆驼颇为了解，希拉，若是你需要，就让这个奴隶成为你的骆驼夫吧。'

"在希拉的安排下，我开始了全新的生活，当天便牵着她的骆驼踏上旅途。旅途中，我找到一个恰当的时机，向她表达了我的感激之情，并表明了我的真实身份。我说我并非奴隶之子，而是巴比伦一位尊贵马鞍工匠的儿子。我分享了许多自己的事情，渴望她能理解我的不幸与挣扎。

"然而，希拉的回应却如同当头棒喝，让我久久无法释怀。她的话语尖锐而深刻，直指我的内心深处：'你今日的境遇，是你自己无知造成的。既如此，你又何以自称为自由人？要知道，人心若藏有奴隶之魂，无论出身如何，终将沦为奴隶，正如水往低处流，不可逆转。反之，若心中常怀自由之魂，纵历尽磨难，也能在天地间赢得尊重与荣耀。'

"在这一年的奴隶生涯中，我虽与其他奴隶同食同寝，却始终无法融入他们之中。每当夜幕降临，奴隶们欢声笑语，我却独自坐在帐篷内，反复咀嚼着希拉的话语，它们如同星辰，照亮了我迷茫的内心。

"终于，希拉注意到了我的孤独与沉思，她询问我为何不合群。我坦诚相告：'我始终在思考您的教诲。我深知自己内心并无奴隶的烙印，与这些人为伍，只觉格格不入。因此，我选择独处，以此自省。'

"希拉的眼神中闪过一丝复杂的情绪，她稍做停顿后，缓缓揭开了自己的伤疤：'我也是那群妾室中的异类，常常独自承受孤独。我带来的丰厚嫁妆，不过是我丈夫眼中的利益交换，他从未真心爱过我。而每个女人心中所渴望的，不过是那份真挚的爱。更不幸的是，我无法生育，这使得我在这个家中更加边缘化，只能远远地坐着，与她们保持距离。若我生为男儿身，或许宁愿一死以求解脱，但身为女子，在部落中，我的命运与奴隶无异。'

"我闻言，情绪激动，提高了声音追问：'那么，在你看来，我的内心是奴隶的灵魂，还是自由人的灵魂？'

"希拉巧妙地避开了我的问题，转而问道：'你是否还怀有还清巴比伦债务的念想？'

"我坚定地回答：'当然，我无时无刻不在想，但现实却让我束手无策。'

"她严厉地说：'若你任由岁月流逝，而不采取行动去偿还债务，那便是典型的奴隶心态。那些逃避责任、不诚实面对债务的人，终将被人以对待奴隶的方式所轻视。'

"我无奈道：'可现在我身处叙利亚，身为奴隶，又能做什么呢？'

"希拉的声音中带着不容置疑的力量：'那你就继续以奴隶的身份生活吧，你这个软弱无能的男人！'

"我急切地反驳：'我绝不是那样的人！'

"她冷冷地回应：'那就用行动来证明给我看！'

"我追问：'如何证明？'

"她的话语如同利剑，直指我心：'巴比伦王为了对抗敌人，不惜一切代价，用尽所有力量。你的债务，就是你的敌人，它们迫使你逃离家园。你若不将它们视为头号大敌，与之殊死搏斗，它们只会愈发强大，最终将你吞噬。你选择逃避，看着自己的尊严一点点消逝，最终沦为一个卑微的奴隶。你要有与债务决一死战的决心，只有这样，你才能重新赢得尊重，成为那个值得尊敬的人。'"

心灵自由，财富自然相随

"我反复咀嚼着希拉那些犀利而深刻的话语，它们如同锋利的刻刀，在我心中刻下了不可磨灭的印记。我深知，这些忠告是我人生旅途中最为宝贵的财富之一。我内心涌动着无数想要证明自己的念头，想要向希拉展示我内心深处那不屈的自由之魂，但苦于没有合适的时机。

"终于，在三天后的一个傍晚，命运给了我一个机会。希拉的侍女前来引导我去见她，我心中暗自揣测，这或许就是我一直等待的时刻。

119

希拉的神情比往日更加凝重，她告诉我她的母亲病情再次加重，她需要尽快动身前往娘家探望。她命令我挑选出两匹最强壮的骆驼，并准备好长途跋涉所需的一切。我迅速而认真地完成了任务，但心中却对需要准备大量食物的命令感到疑惑，因为只有一天的路程。

"夜幕低垂时，我们抵达了希拉的娘家。希拉屏退了侍女，当只有我们两人时，她突然以一种前所未有的严肃态度问我：'达巴希尔，告诉我，你的内心深处，是拥有做自由人的灵魂，还是做奴隶的灵魂？'

"我毫不犹豫地挺直腰板，目光坚定地望着她，回答道：'是做自由人的灵魂！'这句话不仅是对她的回答，更是对我自己内心信念的坚定宣誓。我深知，无论身处何种境地，我都不能放弃对自由的追求和对尊严的坚守。

"随后，希拉的话语如同一道闪电，拨开了我心中的迷雾，让我看到了逃离的希望。她冷静而坚定地告诉我：'此刻就是你证明自己的时刻。他们都已醉得不省人事，此时正是你逃跑的好机会。带上这些骆驼，另外，这个袋子里有你主人的华丽衣服，你可以乔装打扮一番。至于我，会向主人禀报说你在护送我回娘家探望生病母亲的路上，私自偷了骆驼逃跑了。'

"我心中涌起一股难以言喻的感激之情，对她的赞美脱口而出：'你拥有做一个皇后的高贵灵魂，我多么希望能带给你幸福。'但希拉却平静地打断了我的幻想：'跟别人私奔，远走他乡到陌生国度的有夫之妇，是不会有幸福可言的。'

"她鼓励我勇敢地走自己的路，并祈求沙漠的众神保佑我，因为前方的路途既遥远又艰难，没有食物和水源，只有无尽的沙漠和崎岖的山脉等待着我。我深知她的担忧与祝福，心中充满了温暖与力量。

"没有再多言，我趁着夜色迅速逃离，心中只有一个念头——回到巴比伦，重获自由。我对这个陌生的国度一无所知，只能凭借着模糊的方向感和骆驼的指引，孤独而坚定地穿越沙漠和深山。我骑在一匹骆驼上，手里牵着另一匹，拼命地奔跑，不敢有丝毫停歇。因为我明白，一旦被抓住，等待我的将是无尽的苦难甚至是死亡。

"经过一夜和第二天一整天的狂奔，我来到了一个与沙漠同样荒凉的地方。那里的岩石尖锐而锋利，我的两匹忠诚的骆驼脚底都被磨破了，它们痛苦地蹒跚前行。四周寂静无声，连个人影或野兽的踪迹都看不到。我明白这是为什么——这样的荒凉之地，任何生物都会本能地避开。但我不能停下脚步，我必须继续前行，直到找到回家的路。

"在那片荒凉无垠的土地上，时间仿佛凝固，每一天的挣扎都是对生存意志的极限考验。食物和水的耗尽，烈日的炙烤，让我的身体处于前所未有的虚弱状态。然而，在这绝望的深渊中，我的内心却异常清醒，仿佛有一股力量在支撑着我，不让我轻易放弃。

"在接下来的日子里，我凭借着顽强的意志和不懈的努力，终于走出了那片荒凉之地。这段经历让我更加珍惜生命和自由，也让我更加明白自己的责任和使命。我深知，未来的道路依然充满挑战，但我已经准备好迎接一切，因为我知道，只有自由人才能掌控自己的命运。"

债务是致富最大的敌人

达巴希尔的声音里充满了力量与转变的喜悦，这时，他转身面对塔卡德，大声说道："塔卡德，你是否也感受到了当心灵在重压之下那份对自由的强烈渴求？我是否能够激励你踏上那条重拾尊严的征途？你能否看到这个世界真实的色彩，而非仅仅被债务的阴影所笼罩？不论你背负的债务有多么沉重，你是否也梦想着能够脚踏实地地偿还每一分欠款，重新赢得巴比伦人民的尊敬与爱戴？"

此时，塔卡德的眼眶湿润了，他挺直身躯，满怀激情地说道："达巴希尔，你不仅为我上了一堂毕生难忘的课，你更像一扇窗，为我打开了一个全新的世界。我感觉到，我的内心已被一股渴望成为自由人的强烈意志所占据，这股力量让我无法再安于现状。"

餐馆里的一位听众，显然被达巴希尔的故事深深吸引，忍不住追问道："那么，后来你是如何一步步摆脱债务的枷锁，重新站起来的呢？"

达巴希尔微微一笑，眼神中闪烁着智慧与坚韧："我首先做的是面对现实，不再逃避。我详细列出了每一笔债务，制定了严格的还款计划。我白天在市场上辛勤工作，夜晚则利用业余时间学习新技能，提升自己的价值。同时，我学会了节俭，每一分钱都精打细算，确保它们都能为我重获自由贡献一份力量。

"这个过程充满了挑战与艰辛，但每当我想要放弃时，就会想起希拉的鼓励，想起自己对自由的渴望。正是这些信念支撑着我，让我在最黑暗的时刻也能看到希望的光芒。

"最终，经过不懈的努力与坚持，我成功地还清了所有债务。那一刻，我感受到了前所未有的自由与解脱。我深知，这不仅仅是我个人的胜利，更是对每一个在困境中挣扎的人的鼓舞，只要我们勇于面对、坚持不懈，就一定能够走出困境，重获新生。

"关于我是如何一步步走出债务的泥潭，以及这段旅程中的点点滴滴，我都已将它们精心记录在了五块泥板之上。这些泥板不仅承载着我的经历与智慧，更是我对自由与尊严不懈追求的见证。你们若有兴趣，随时可以来查阅，细细品味其中的一字一句，相信它们一定能给予你们启示与力量。"

达巴希尔至此圆满地结束了他那充满智慧与启迪的叙述。他的话语，如同穿越时空的灯塔，照亮了每个人内心深处对自由与智慧的渴望。当一个人领悟并掌握了这些自古以来便被古代智者所揭示并传颂的伟大哲理时，他便找回了自己作为自由人最本真的灵魂。

塔卡德听完达巴希尔的故事，心中充满了震撼和感动。他看到达巴希尔从一个迷失自我的年轻人成长为一个坚强、有责任感的人的过程，也看到了希望和勇气在逆境中的力量。他知道，自己也应该像达巴希尔一样，勇敢地面对自己的困境，努力追求自己的梦想。

理财智慧：激发潜能，财富触手可及

1. 若你以偏见为镜审视世界，真实之美将遁形无踪，留下的只有被软弱、卑微心态及虚假表象所构建的迷雾，遮蔽你的视野。

2. 过度放纵自我，使财务收入难抵支出者，终将自食恶果，陷入困境与耻辱的泥潭，无法自拔。

3. 你内心只要拥有奴隶意识，无论出身贵贱，终将沦为卑微之仆；反之，若你内心怀揣自由之魂，纵然经历万般不幸，也能赢得荣光与敬仰。

4. 人生之路布满挑战与历练，拥有自由灵魂的人，能够以坚韧不拔的意志与信念，直面困难，化险为夷。而内心被奴役者，则只会哀叹与退让，难逃失败的宿命。

5. 债务是人生的劲敌，若你选择逃避或纵容，它将日益壮大，剥夺你曾经的骄傲与尊严，使你一无所有。

6. 心灵高尚者，面对债务，能够以信心与智慧为刃，坚决斗争，最终战胜它，重获人的尊严与荣耀。

勤劳铸就财富的基石

萨鲁·纳达的致富蓝图

萨鲁·纳达是巴比伦商界的一颗璀璨明星，此刻他正以一种难以言喻的自信与风采，驾驭着他那匹高大威猛的骏马，引领一支规模宏大、装饰豪华的商队，缓缓穿越广袤的原野。他的衣着，既彰显着商人的尊贵与风度，又不失舒适与自在，仿佛每一寸布料都精心挑选，以衬托出他非凡的气质。而那匹骏马，更是他身份与地位的象征，它步伐稳健，眼神中透露出与主人相似的骄傲与不羁。

萨鲁·纳达的无限风光，抹去了他过往的艰辛与磨难，只留下一个成功商人的辉煌形象。很少有人知晓，在他光鲜亮丽的人生背后，隐藏着多少不为人知的痛苦与挣扎。正是这些经历，铸就了他今日的坚韧与智慧，使他能够在商海中游刃有余，成为众人仰慕的对象。

尽管归途遥远且充满未知，尤其是穿越那片危机四伏的沙漠，对任何商队来说都是一场严峻的考验。在那里，阿拉伯部落的勇士们如同猎豹般潜伏，随时准备对过往的富商进行掠夺。然而，对于萨鲁·纳达而言，这一切似乎都构不成威胁。

　　他深知，真正的力量不仅仅来源于财富的多寡，更在于智慧的布局与充分的准备。他的身边围绕着一支由骁勇善战的保镖组成的队伍，他们骑术高超，作战勇猛，能够为商队的安全保驾护航，可以使整个旅程平稳且安心。

　　此时，萨鲁·纳达带着他的商队，正以一种从容不迫的姿态，继续向着巴比伦的方向前行，他的心中充满了对未来的期待与信心。

　　在萨鲁·纳达辉煌的旅程中，如果说真有一丝不易察觉的忧虑，那便是他对同行的年轻人哈丹·古拉的忧虑。这位年轻人，作为他昔日商场挚友及恩人阿拉德·古拉的孙子，承载着萨鲁无尽的感激与责任。萨鲁深知，自己对阿拉德的恩情无以为报，只有将这份情感转化为对哈丹的深切关怀与期望。然而，哈丹的性格与萨鲁大相径庭，这种差异让萨鲁在尝试帮助他的过程中屡屡碰壁，倍感困扰。

　　萨鲁的目光不时落在哈丹身上那些闪亮的戒指和耳环上，心中五味杂陈。他暗自思量：这孩子，似乎误解了珠宝的意义，将它们视为男性装饰的必需品。他的祖父阿拉德，那位曾经的商业巨擘，可从不以此类俗丽之物标榜自己。我此番带他同行，原是想助他一臂之力，让他能在商界站稳脚跟，进而摆脱其父辈留下的阴影，重建家族荣耀，可是看来实现这一愿望有点难度。

　　萨鲁深知，真正的帮助不仅仅是物质上的支持，更是智慧与品格的传承。他开始考虑，如何以更恰当的方式引导哈丹，让他理解到真正的价值所在。或许，这需要时间和耐心，需要萨鲁用自己的经验和智慧，一点一滴地影响并塑造这位年轻的后辈。

　　于是，萨鲁决定改变策略，不再只关注外在的装扮或表面的成功，而是更加注重对哈丹内心的培养和引导。他计划在旅途中，通过分享自己的经历、传授商业知识、培养决策能力等方式，逐步引导哈丹走向成熟与独立。同时，他也希望哈丹能够学会感恩与回馈，明白成功不仅仅是为了个人的荣耀，更是为了回馈那些曾经帮助过自己的人以及为社会贡献自己的力量。

哈丹猛然间打断了萨鲁沉浸的思绪，他好奇地发问：“您为何甘愿承受这份艰辛，长途跋涉千里之外，无论严寒酷暑，始终骑马引领商队前行？难道您不曾考虑过抽出时间，去体验人生的乐趣与安逸吗？”萨鲁闻言，嘴角轻轻上扬，以一种温和而略带深意的语气回应：“享受人生？若你我身份互换，你又会如何定义并实践这份享受呢？”

“假如我拥有像你那样的财富，”哈丹憧憬地描绘道，“我的生活定会如同王子般奢华，绝不会让自己置身于这酷热沙漠的艰苦跋涉之中。我会毫不犹豫地挥霍每一分收入，身着世间最耀眼的华服，佩戴独一无二的珠宝。这，正是我梦寐以求的生活方式。”言毕，两人相视而笑，气氛一时变得轻松起来。

然而，萨鲁并未忘记引导哈丹，他有意地提及：“你可知，你的祖父，那位令人敬仰的先辈，他从未沉迷于珠宝的浮华！”紧接着，他又以半开玩笑的口吻问道：“莫非，你真的认为时间不应花在工作上，而是应当全然闲置吗？”

哈丹的回答直截了当，没有丝毫犹豫：“正是如此，在我看来，工作不过是那些缺乏自由之人的负担罢了。”他的回答虽显稚嫩，却也透露出年轻一代对于工作的不同理解。

萨鲁的话语在唇边徘徊，最终却化为了沉默，他静静地驾驭着马匹，任由前方的道路引领他们缓缓攀上一个小坡。到达坡顶时，他轻轻调转马头，面向那片遥远而隐约可见的翠绿山谷，眼中闪烁着期待与感慨。他说：“看，哈丹，我们即将抵达山谷的怀抱。再往前，你就能隐约窥见巴比伦的雄伟城墙了。那座高耸的塔楼，正是贝尔神殿，如果视力够好，你甚至能捕捉到神殿屋脊上永恒之火袅袅升起的轻烟，那是巴比伦不灭的象征。”

哈丹顺着萨鲁的指引望去，眼中闪烁着激动与向往。"那就是巴比伦城吗？我一直梦想着能亲眼见证这个世界上最繁华富庶的城市。巴比伦，是我祖父用智慧和汗水从零开始建造的地方。如果他亲眼看到我们现在的生活，或许会无比遗憾吧……"说到这里，哈丹的声音不禁染上了几分落寞。

萨鲁闻言，轻轻拍了拍哈丹的肩膀，语重心长地说："哈丹，为何要让祖父的灵魂背负着对过去生活的留恋呢？他留给你们的，不仅仅是物质上的财富，更重要的是那份不屈不挠、勇于开拓的精神。你和你父亲，完全有能力继承并发扬光大这份精神财富。记住，真正的财富，是那些能够激励后人不断前行的精神宝藏。"

哈丹闻言，低头沉思片刻，随后叹了口气，语气中既有无奈也有决心："是啊，我们父子俩确实没有祖父那样的天赋，也从未真正领悟过他赚钱的秘诀。但正如您所说，我们不能只停留在遗憾和抱怨中。"

萨鲁·纳达默默无言，他再次调整马头的方向，沿着蜿蜒的坡路缓缓而下，心中思绪万千，仿佛每一步都踏在了过往与现实的交汇点上。他领着商队继续向山谷深处进发，身后是浩浩荡荡的队伍，扬起的红色沙尘遮蔽了整个天际。

不久，他们便踏上了通往巴比伦的主干道，随后转向南方，穿越一片片精心灌溉的水田。在这片充满生机的田野间，三位年迈的农夫正赶着公牛辛勤劳作，他们的身影在萨鲁·纳达的眼中显得熟悉而又陌生。

这种矛盾的感觉让他不禁哑然失笑，40年光阴流转，他却仿佛在这里看到了时间的停滞：难道真的是同一群人在重复着相同的工作吗？直觉告诉他，这些农夫，正是他记忆中那批人。

其中一位农夫因长时间劳作，手掌布满了厚茧和伤痕，此刻他停下了手中的活计，扶着犁把稍做歇息，脸上写满了岁月的痕迹。而另外两位农夫则依然不遗余力地在公牛旁艰难前行，他们不时举起手中的木棍，轻轻拍打着牛背，试图唤醒这头已经习惯了慢节奏的老牛。然而，这些努力似乎并未能激起牛儿更多的动力，它依旧不紧不慢地拉着犁，悠然自得地穿梭在田埂之间。

约莫40年前，萨鲁曾对眼前这些勤劳的农夫怀着无限的羡慕。那时的他，多么渴望能与他们交换角色，体验那份简单而纯粹的生活。但世事变迁，如今的他已非昔比，身后跟随着一支庞大的商队，满载着从大马士革精心挑选的珍稀货物，骆驼与驴子稳健地行进，每一声蹄响都似乎在诉说着他的成功与荣耀。而这些，仅仅是他庞大财富中的冰山一角。

他轻轻抬起右手，指向那些仍在辛勤犁田的农夫，对身旁的哈丹说："你看，这些人的生活状态与40年前相比，几乎没有任何改变，他们依旧在耕耘着同一片土地。"哈丹眼中闪过一丝疑惑："虽然看起来相似，但您如何断定他们一定是40年前的那些人呢？"

萨鲁深知，这番话对于哈丹来说或许过于抽象，于是他淡淡一笑，以一种近乎回忆的语气说："因为我曾在这里亲眼见过他们，那份记忆，如同烙印一般刻在我的心中。"此时，萨鲁·纳达的心海翻涌，过往40年的点点滴滴如同潮水般涌来，他不禁自问，为何自己总是难以割舍对过去的眷恋，无法全心全意地活在当下？

就在这时，阿拉德·古拉那温暖的笑容突然浮现在他的脑海中，那份友善与包容仿佛具有魔力，瞬间化解了他与哈丹之间所有的隔阂与误解。萨鲁意识到，无论是过去还是现在，人与人之间的理解与连接才是最宝贵的财富。于是，他转而以一种更加平和与开放的心态，继续引领商队前行，心中充满了对未来的期待与憧憬。

面对这个满脑子只想着享受与挥霍，且浑身珠光宝气的年轻人哈丹，萨鲁·纳达深感责任重大。他深知，提供工作机会对哈丹这样不愿付出努力的人来说，不过是徒劳无功。然而，他对阿拉德的感激与亏欠让他无法坐视不管，他真心希望能够帮助哈丹走上成功自立的道路。

萨鲁·纳达心中涌起一个既残忍又痛苦的念头，但这个念头却异常坚定。他明白，要想真正改变哈丹，就必须让他亲身体验到生活的艰辛与不易。同时，他也深知这个决定会对自己目前的家庭、社会身份与地位带来何种冲击。然而，萨鲁·纳达并非优柔寡断之人，他果断地压制住内心的种种顾虑，决定放手一搏。

他问哈丹："你想知道你富有的祖父是如何与我合作做生意的吗？"年轻人直言不讳地回应："我只想知道你们是怎样赚到钱的，这才是我真正想了解的。"萨鲁不理会他的回应，继续说道："最初，这些农夫也是在这里耕地。我当时的年龄和你差不多。在我旁边有个叫梅吉多的家伙，他嘲笑农夫们的耕作方式。梅吉多与我并肩，他对我说：'看看那些懒散的农夫，根本不抓紧犁把，完全可以耕得更深，而鞭打牛的人也没有让牛更用力，这怎么指望能有好收成呢？'"哈丹听后显得非常惊讶，急忙问："你说什么？你和梅吉多是一起的？"

"是的，我们被一根铜制的锁链紧紧束缚着脖子，链条将我们连接在一起。梅吉多旁边有个人叫萨巴多，一个偷羊贼，我在家乡哈容认识了他。链条的另一端是一个被称为'海盗'的人，他从未透露过自己的真实姓名。我们猜测他可能是个水手，因为他的胸前有一个明显的蛇形文身，那是当时水手们流行的标志。我们四个人被牢固地锁在一起，只能并排行走。"

哈丹震惊得目瞪口呆，难以置信地问道："你是说你曾经被当作奴隶锁起来？"

"难道你的祖父没有告诉过你，我曾经是个奴隶吗？"

"祖父确实经常提到你，但他从未提及你曾经当过奴隶。"

萨鲁·纳达目光坚定地望向哈丹，缓缓说道："他无疑是一位极其可敬之人，足以让人将心底最深的秘密安心交付。而你，同样是我眼中值得信赖的青年，不是吗？"

哈丹回应道："你尽可放心，我决不会将此事泄露给任何人。但此事确实令我震惊不已。请允许我询问，你是如何不幸沦为奴隶的？"

萨鲁轻轻摇了摇头，叹息道："其实，成为某种束缚的奴隶，是任何人都可能遭遇的厄运。是赌博与酒精，让我一步步深陷其中。我兄长行事冲动，未曾想我却间接承受了他的苦果。他在一次赌场的争执中失手，酿成了无法挽回的悲剧。我父亲为了筹措资金，试图通过法律途径救我兄长于水火，不得不将我抵押给了一位寡妇。然而，命运弄人，他未能及时筹足赎金，那位寡妇在一怒之下，便将我转卖给了奴隶贩子。"

哈丹闻言，愤慨之情溢于言表："这简直是对公平与正义的公然践踏！那么，后来你是如何挣脱这枷锁，重获自由的呢？"

萨鲁·纳达微微一笑，语气中带着一丝沉稳："关于那部分故事，我们稍后自然会谈及。现在，请允许我继续讲述我的过往。

"我们途经那群看似慵懒的农夫时，他们的轻蔑与嘲笑如同寒风般袭来，甚至有人以戏谑的姿态摘下那破旧不堪的帽子，向我们行了个滑稽的礼，高声嘲讽道：'尊贵的巴比伦来客，国王已在城墙之畔翘首以待，盛宴已备，更有泥砖与洋葱汤等你们大饱口福！'此言一出，周遭顿时爆发出一阵哄笑。

"海盗的愤怒如火山般爆发，他面色铁青，恶狠狠地咒骂着那些农夫。我转向他，心中满是疑惑：'他们所言，国王在城墙边设宴以待，究竟是何用意？'

"海盗冷笑一声，解释道：'那不过是让我们去城墙下做苦役，搬运泥砖直至筋疲力尽，甚至可能因不堪重负而丧命。又或者，在那之

前，就被国王的手下无情地打死。但我决不会坐以待毙，我会拼死反抗。'

"这时，梅吉多打断了我们的对话，他的语气异常坚定：'我相信，明智的主人不会虐待那些真心实意、勤勉工作的奴隶。他们珍视勤劳的奴隶，定会以善待之。'

"萨巴多听后，脸上满是不忿：'谁又真的愿意卖命工作呢？就连那些看似勤劳的农夫，也只是在做表面功夫，他们心里打着自己的小算盘，生怕累坏了自己。他们所谓的辛勤，不过是混日子的幌子罢了。'"

懒惰是贫穷的温床

"梅吉多立刻反驳道：'你不该有丝毫的懈怠与偷闲。若你今日能耕耘完一公顷田地，主人自然明了你的辛勤与努力；但若仅完成半公顷，那便是显而易见的懒惰。我从未有过偷懒的念头，我对工作怀有满腔热爱，我享受完成任务后的满足感，因为工作始终是我最热爱的伙伴！正是通过不懈的劳作，我收获了农田、母牛、丰收的作物以及生活中所有的宝贵之物。'

"萨巴多则以轻蔑的口吻嘲讽道：'哼，那么现在呢？那些曾经的收获又何在？还是聪明点为好，既然最终都能得到报酬，何必非得把自己累得半死。假若我们真被卖到城墙边做苦役，你瞧，我萨巴多定会设法分到挑水或更轻松的差事，而你这位工作狂人，怕是要背负沉重的砖石，直至身体崩溃。'说完，他的嘴角边显露出一抹得意的冷笑。

"那个夜晚，一股莫名的恐惧如影随形，紧紧缠绕着我的内心。我辗转反侧，难以成眠，而周围的同伴们却已沉入梦乡。趁着这难得的宁静，我悄悄靠近警卫的警戒线，试图吸引第一班警卫戈多索的注意。戈多索，这位昔日阿拉伯的强盗，以凶狠与残忍著称，他的眼中只有金钱与杀戮，任何鼓胀的钱袋都可能成为他下一个目标，随之而来的便是无情的掠夺与致命的喉管切割。

"我压低嗓音，带着一丝不安向戈多索探询：'戈多索，能否告知我，一旦抵达巴比伦，我们是否注定会被送到城墙边做苦力？'

"他投来好奇的目光，反问道：'你为何对此如此关切？'

"我恳求道：'你或许不知，我还年轻，渴望能在这世上好好活着。我不愿在城墙边经受奴役之苦，更不愿落得个悲惨身亡的下场。请问，我是否还有可能遇到仁慈的主人？'

"他压低声音，尽量不让旁人听见，回答道：'听好了，你是个安分的家伙，从未给我添过麻烦。通常，你们会被先带到奴隶市场。记住，当有买家靠近时，务必主动展现自己是个好工人，愿意全心全意为主人效力。真诚地说服他们买下你，这是你唯一的希望。若无人问津，次日你便只能安享城墙边搬砖的命运了。看，这就是辛勤工作的价值所在，它能决定你的命运。'

"戈多索离去后，我独自躺在温热的沙地上，仰望满天繁星，心中反复咀嚼着他的话，对辛勤工作的意义有了更深的思考。

"梅吉多的话语时常回响在我耳畔，他坚信工作是最真挚的朋友，这让我陷入了深思：工作，是否能成为我生命中的那束光，引领我走出这无尽的黑暗？我暗自决定，如果辛勤工作真的能引领我摆脱眼前的困境，那么它无疑将是我必须紧紧抓住的救命稻草。

"当清晨的第一缕阳光唤醒沉睡中的梅吉多时，我迫不及待地走向他，轻声分享了这个或许能带来转机的消息。这消息如同一缕温暖的阳光，穿透了我们前往巴比伦路上的阴霾，给予了我们希望。

"午后时分，巴比伦的城墙渐渐映入眼帘，而城墙下，一幅令人震撼的景象铺展开来：一排排奴隶如同黑色的潮水，在陡峭的坡路上来回穿梭，他们的身影显得那么渺小而又坚韧。我们靠近时，眼前的景象更加触目惊心：成千上万的人在这片土地上挥洒着汗水，有的在挖掘护城河，有的则在混合沙土制作泥砖，而更多的人则肩挑重担，一篮篮沉重的砖块压弯了他们的腰，他们艰难地攀爬陡坡，只为将砖石运送到顶端的建筑中。

"这一幕，让我更加坚定了信念：唯有辛勤工作，才能让我们在这片土地上找到属于自己的位置，才能摆脱命运的枷锁，迎来属于自己的曙光。

"监工们的怒吼与鞭声交织成一片，他们毫不留情地抽打着动作迟缓的奴隶，任何跟不上节奏的奴隶都会遭受无情的鞭笞。在这片土地上，我目睹了无数令人心碎的场景：那些体弱多病、疲惫至极的奴隶，他们的步伐沉重蹒跚，体力不支，最终轰然倒地，再也没能站起来。若鞭打也无法唤起他们的意识，他们便会被粗暴地拖到一旁，蜷缩成一团，无助地等待着命运的宣判。不久之后，这些不幸的灵魂便会被集中起来，遗弃到冰冷的坟墓之中。这一幕幕阴森恐怖的景象让我无法自抑地颤抖起来。

"我深知，如果父亲无法筹集到足够的赎金，我也将难逃此劫，或许终将面对这非人的折磨，直至悲惨地死去。戈多索的话语如此准确，我们被引领穿过厚重的城门，关进了阴暗潮湿的奴隶牢房。次日，我们又被驱赶至奴隶市场的围栏之中，那里充斥着恐惧与绝望，奴隶们相互推搡，只有在守卫的皮鞭挥舞下，才勉强向前挪动，为的是让买主能够看清他们的面容。

"梅吉多和我，心中充满了焦急与渴望，我们迫切地希望能够向任何愿意倾听的买主传达我们的心声：我们是勤劳的工人，愿意为主人付出一切努力，只求能够逃离这无尽的苦难，获得一丝生的希望。

"随着奴隶贩子的引导，国王卫队的军官们步入市场，他们的目光最终停留在了海盗身上。海盗在被士兵铐上的那一刻，拼尽全力反抗，但回应他的只有士兵们无情的鞭打。当海盗被带离现场时，我心中涌起一股难以名状的哀伤，为他的命运感到深深的担忧。

"梅吉多敏锐地察觉到，我们的命运也即将揭晓。在没有买主靠近的焦虑中，他努力用'工作对未来的重要性'来宽慰我，他说：'有些人视工作为敌，但请别被辛劳吓倒。想象你亲手建造的美丽房屋，那些搬运栋梁的艰辛、取水拌泥的劳苦，都将成为你成就感的源泉。小伙子，如果你有幸被选中，请全心全意为主人工作。即使他不懂感激，你也要坚持做好每一件事。记住，尽职尽责，乐于助人，会让你变得更加优秀，也更加幸运。'

"正当梅吉多的话语在我心中回荡时，一位体格健壮的农夫走进了我们的围栏，开始仔细打量我们。梅吉多立刻抓住机会，详细询问农夫关于农田和收成的情况，随后自信满满地向农夫推荐自己。经过一番激烈的讨价还价，农夫终于从长袍中掏出一个沉甸甸的钱袋，支付了费用，将梅吉多带走了。那一刻，我为梅吉多的勇气和智慧感到由衷的敬佩，同时也为自己不确定的未来充满了忧虑。

"随着阳光的逐渐西斜，市场上的气氛也愈发紧张起来。戈多索悄然来到我身边，低声告诉我奴隶贩子们的耐心正在耗尽，他们不愿再拖延至次日，这意味着傍晚前，所有未被买走的奴隶都将被送至城墙下去搬运砖石。绝望之情在我心中蔓延，就在这时，转机出现了。

"一位和蔼可亲的胖师傅走近了我的围栏，他询问是否有面包师傅愿意加入他的行列。我立即抓住机会，热情地回应道：'尊贵的师傅，我年轻力壮，且满心愿意为您效劳。请给我一个机会，让我用努力和汗水为您创造更多的财富。'

"我的诚恳与热情显然打动了这位胖师傅，他开始与奴隶贩子商讨价格。之前对我不甚留意的奴隶贩子此刻也变得格外热情，滔滔不绝地夸赞我的能力、体魄和品性，仿佛我真的成了一头即将被高价出售的肥牛。经过一番激烈的讨价还价，交易终于达成，我内心的喜悦难以言表。

"当我紧随新主人离开奴隶市场的那一刻，我仿佛获得了新生，心中充满了感激与庆幸，我深知自己是多么幸运。巴比伦的广阔天地中，我终于找到了属于自己的位置，一个能够让我用双手创造未来的地方。那一刻，我坚信自己就是全巴比伦最幸运的人。"

辛勤工作，收获自信尊严

"在我的新家中，生活的每一刻都充满了希望与满足。纳纳奈德主人不仅给了我一个温暖的避风港，更亲手传授我烘焙的技艺，从研磨小麦到掌控火候，再到制作那令人垂涎的蜂蜜蛋糕所需的细腻芝麻面粉，每一步都凝聚着他对我的信任与栽培。这不仅是技艺的传承，更是我新生活的起点。

"在主人那充满粮食芬芳的仓房中，我拥有了一张属于自己的卧铺，它不仅是休憩之所，更是我梦想启航的地方。每当夜幕降临，我躺在那里，心中满是对未来的憧憬与规划。

"老奴婢史娃丝蒂的关怀与肯定，更是给我的生活添上了温馨的一笔。她以美食作为奖赏，感谢我每日不辞辛劳地帮助她完成繁重的家务。这份来自长辈的认可与爱护，让我感受到了家的温暖，也激发了我更加努力工作的决心。

"在纳纳奈德主人的家中，我不仅找到了安身立命之所，更重要的是，我获得了展现自我价值、实现梦想的舞台。我深知，只有通过不懈的努力与奋斗，才能赢得尊重与自由。因此，我满怀信心地投入每一天的工作中，用实际行动证明自己的价值，同时也默默寻找着那条能够赎回自由、重获新生的道路。

"我怀揣谦逊之心，向纳纳奈德主人求教，渴望学习面团揉制的方法与面包烘焙的技术以及那烘焙艺术的精髓。我的积极与好学深深打动了他，使他乐于倾其所有，无私传授。掌握这些技艺后，我趁热打铁，又向他请教了蜂蜜蛋糕的制作方法，同样，迅速上手，技艺日益精进。自此，家中烘焙的重任便自然而然地落在了我的肩上，让主人得以享受片刻的闲暇时光。然而，史娃丝蒂对此却持有不同看法，她常摇头叹息：'无所事事，对任何人而言，都非益事。'

"我心中暗自思量，是时候规划如何通过自己的努力赚取银两，以期早日重获自由了。我设想，在完成每日的面包与糕点制作后，若能再寻一份兼职，所得收入与纳纳奈德共享，他定会支持我。于是，一个念头油然而生：何不将我们美味的蜂蜜蛋糕带到街头，售给那些饥肠辘辘的行人呢？

"我向纳纳奈德表达了我的想法：'若我能在为您烘焙糕点之余，利用下午的空闲时间外出劳作，赚取额外收入，这样我既能拥有属于自己的积蓄，用以购买所需之物，又能与您分享我的劳动成果，岂不是两全其美？'他听后，对我的提议赞不绝口。当我进一步阐述计划，将蜂蜜蛋糕售给街上的行人时，他的脸上洋溢着喜悦之色。他欣然同意道：'此计甚妙！你以两枚蛋糕一枚铜币的价格出售，每售出一枚，你需支付我半枚铜币作为原料与燃料的成本，余下的半枚，我们平分。'

"我欣然同意，因为纳纳奈德展现出了非凡的慷慨，同意让我分享总收入的四分之一。那个夜晚，我独自忙碌至深夜，亲手制作了一个精美的托盘，用以装盛即将出售的蜂蜜蛋糕。更让我感动的是，纳纳奈德赠予我一件他不再需要的旧袍子，希望我能以更体面的形象出现在街头，不再显得卑微如奴。史娃丝蒂则细心地为我缝补并清洗了这件袍子，让它焕然一新。

"次日，我加倍努力，烘焙了更多的蜂蜜蛋糕，确保它们色泽诱人、口感醇厚。午后，我端着盛满褐色、熟透且香气扑鼻的蛋糕盘走上街头，开始了我的叫卖之旅。起初，路人们似乎并无多大兴趣，这让我略感失落。但我并未放弃，坚持用耐心与热情继续吆喝，直至黄昏降临，饥饿感逐渐侵袭了行人，我的蜂蜜蛋糕开始受到欢迎，很快便销售一空。

"纳纳奈德对我的成功感到由衷的高兴，当天便将我应得的报酬如数交付于我。那一刻，我内心的喜悦难以言表，因为这是我第一次真正意义上拥有了属于自己的金钱。梅吉多的话再次回响在耳边，确实，所有主人都会珍视那些愿意尽心尽力为他们工作的奴隶。那一夜，我沉浸在成功的喜悦之中，整夜辗转反侧，心中不断盘算着，一年能赚多少钱，要多长时间才能为自己赎身做回自由人。

"日复一日，我穿梭在街巷之间，叫卖着甜蜜的蛋糕，不久后便吸引了一群忠实的顾客，其中便包括你的祖父阿拉德·古拉，一位四处奔波的地毯商人。他骑着载满地毯的驴子，身旁跟随着一名忠诚的黑奴。他几乎每日都会光顾我的小摊，他不仅自己品尝，也不忘与同伴分享。有时，他会停下脚步，一边享用蛋糕，一边与我畅谈，那些日子，他的鼓励与肯定如同温暖的阳光，照亮了我前行的道路。

"'小伙子，'你祖父曾这样对我说，那些话语至今仍在我心间回响，'我不仅爱这蛋糕的味道，更欣赏你这份经营的热情与智慧。保持这份进取心，成功定会向你招手！'哈丹·古拉，你或许难以想象，这番话对我而言，是何等的振奋人心。当时的我，不过是个孤苦无依、渴望自由的小奴隶，每一分努力都只为挣脱枷锁，重获尊严。

"自那以后，我更加勤奋，日出而作，日落不息，每一分收入都小心翼翼地积攒起来。钱包逐渐鼓胀，正如梅吉多所言，工作成了我最忠实的伙伴，也是我通往自由的桥梁。然而，在这份喜悦之中，史娃丝蒂却显露出几分忧虑，她担忧主人的赌博习性会危及家庭的安宁。

"某日，我在街上偶遇了梅吉多，他带着满载蔬菜的驴队，满面春风。他告诉我，通过不懈的努力，他不仅赢得了主人的信任，还晋升为工头，甚至得以与家人团聚。他的故事如同一剂强心针，让我更加坚信，辛勤工作终能引领我走向自由与重生。我深知，未来的路还很长，但我已准备好用双手创造属于自己的明天。"

努力之人，幸运常伴

"日子悄无声息地流逝，纳纳奈德对我每天回家的时间愈发期待，他急不可耐地盼着我结束街头的蛋糕叫卖，迅速返回店铺。他渴望第一时间知晓我当日的盈利，以便我们共同清算账目。同时，他也不断激励我探索更广阔的市场，以增加蛋糕的销量。

"我时常踏足城外，向那些监督奴隶筑城的监工推销我的蛋糕。尽管我内心极不情愿再次踏入那片苦难之地，目睹那些令人心酸的场景，但我发现这些监工在顾客中算是出手大方的。某次偶遇，我震惊地发现萨巴多竟也位列奴隶队伍之中，他正等待用篮子搬运砖石。目睹此景，我心如刀绞，遂递上一块蛋糕予他。他接过蛋糕，如同饿极的野兽般，一口吞下。望着他那双充满渴望与困惑的眼睛，我不忍他寻找我的踪迹，便匆匆转身，悄然离去。

"某日，你的祖父阿拉德以与你今日相似的口吻询问我：'你为何如此不遗余力地劳作？'我坦诚地向他讲述了梅吉多昔日的教诲，以及我如何亲身经历并验证了工作确是我们最忠实的伙伴。我自豪地向他展示了自己鼓鼓囊囊的钱包，并解释这些积蓄将用于赎回我的自由之身。

"他紧接着追问：'那么，当你重获自由之后，你的打算是什么？'

"我坚定地回答：'到那时，我将致力于开创自己的商业帝国。'

"这时，他悄声透露了一个让我难以预料的秘密：'你有所不知，其实我现在也是奴隶身份，但我有幸与主人合作经营，共同打理生意。'"

萨鲁的叙述让哈丹·古拉顿时惊愕失色，他急忙打断萨鲁，情绪激动地抗议："住口！别再说了！我不愿听到任何对我祖父不敬的谎言，他绝不可能曾是奴隶！"他的眼中闪烁着愤怒的火光。

萨鲁保持着沉稳与平和，继续说道："我深深敬仰他能从不幸的深渊中挣脱，凭借自己的力量成就非凡，成为大马士革受人尊敬的典范。作为他的孙子，你与他血脉相连，难道你不该拥有同样的勇气去面对真相，只能沉溺于虚假的幻想之中吗？"

哈丹挺直腰板坐在骆驼鞍上，声音虽极力控制却难掩激动："我祖父一生广受爱戴，他的善行无数，无人能及。记得叙利亚那场肆虐的饥荒，是他慷慨解囊，用大量黄金从埃及购回粮食，救活了无数饥民，避免了人间悲剧。而你此刻却告诉我，这样一位伟人竟曾是巴比伦的奴隶，这简直是对他的侮辱！"

萨鲁·纳达耐心回应："若他一生都在巴比伦作为奴隶度过，那确实令人惋惜。但事实是，他凭借自己的勇气和努力，彻底改变了命运，成为大马士革的骄傲。众神已宽恕了他的过去，并赐予他应有的尊敬与荣耀。"

萨鲁没有给哈丹喘息的机会，继续说道："在向我透露他身为奴隶的身份后，你的祖父又向我倾诉了他对赎回自由后的迷茫与恐惧。他担心失去主人的庇护后，自己将难以再取得昔日的成就。我则坚定地告诉他，不必再依附任何人，应当勇敢地拥抱自由，像真正的自由人一样去行动，去追寻自己的梦想。我鼓励他设定目标，并依靠不懈的努力去实现它。我的话似乎触动了他，他感激地离开，眼中闪烁着新的决心。

"不久后的一天，我在城门口摆摊时，被一阵喧闹声吸引。打听之

139

后得知，一名逃跑的奴隶因杀害国王卫兵而被判鞭笞至死，国王将亲自到场监刑。我挤不进那密集的人群，生怕蛋糕被打翻，于是爬上了未完工的城墙，从高处观望。我幸运地找到了一个视野开阔的位置，正好看到巴比伦国王尼布甲尼撒乘坐金碧辉煌的战车缓缓而来，那场面之奢华，是我前所未见的。

"远处传来奴隶的惨叫声，我无法亲眼看见那残忍的一幕。我心中充满了疑惑与不解，为何如此尊贵的国王，竟能如此冷漠地观看这样的暴行？尼布甲尼撒王与贵族们的谈笑风生，更加凸显了他的冷酷无情。那一刻，我深刻意识到，正是这样的君王，才导致了奴隶们无尽的苦难。我终于明白，为何他如此不顾人道，强迫奴隶们承受如此重负。

"在奴隶被残忍地鞭笞至死后，他的尸体被无情地悬挂在杆上，以此警示世人。待人群逐渐散去，我鼓起勇气靠近，却惊讶地发现那奴隶胸膛上刻着的竟是海盗特有的双蛇刺青。这一发现让我震惊不已，海盗，原来他如此悲惨地死去。

"与阿拉德·古拉的再次相遇，简直像是见证了一场蜕变。他满怀热情地向我打招呼，眼中闪烁着自由的光芒。他告诉我，自从我们上次交谈后，他听从了我的建议，勇敢地追求自由，并因此取得了巨大的成功。他的货物销量激增，利润丰厚，妻子也对他充满了希望和崇拜。他们计划搬迁到一个新的城市，开始全新的生活，远离过去奴隶身份的阴影。工作不仅成了他最好的朋友，更成为他重拾自信、实现梦想的坚实基石。

"然而，好景不长，一次我正在街上售卖蜂蜜蛋糕，史娃丝蒂的突然到访打破了这份宁静。她神色慌张，告诉我纳纳奈德陷入困境当中。由于赌博成瘾，他输掉了大笔钱财，导致无法偿还债务和农夫的货款。债主和农夫的愤怒与威胁让史娃丝蒂忧心忡忡，她担心纳纳奈德会因此将我作为质押品来偿还债务。

"起初，我对此不以为意，认为这与我无关。但史娃丝蒂的警告让我意识到问题的严重性。按照巴比伦的法律，我确实可以被主人作为财产出售以偿还债务。这个残酷的现实让我开始为自己的未来担忧。

"果然，第二天当我正专注于烘焙面包时，一位债主带着一个名叫萨希的人来到了店里。萨希对我进行了仔细的评估后，表示愿意购买我作为质押品。在主人还未归来之前，我就被这位债主强行带走。我只来得及披上袍子，带上装有全部积蓄的钱囊，而炉子里的面包还未来得及烤熟，我就被匆匆带离了那个熟悉的地方。"

揭秘运气背后的汗水与坚持

"命运的捉弄如此无情，我精心构筑的希望之舟突遭狂风巨浪，如同林间大树被台风无情卷入浩瀚无垠的大海，我再次沦为赌博与酒精的牺牲品。

"萨希，这位性格粗犷且反应迟缓的男子，引领我穿梭于巴比伦的街巷间。我向他倾诉自己对纳纳奈德的忠诚与继续效力的渴望，却未从他那里获得丝毫慰藉。他冷淡地回应道：'那种辛劳，我避之不及，我的主人亦是如此。只因国王之命，需加速大运河段的修筑，主人才命我增购奴隶，只求速战速决。如此浩大的工程，岂是朝夕之功！'

"试想那广袤无垠的沙漠，稀疏散布着几丛矮灌，烈日如火，炙烤着大地，连水壶中的水都滚烫难咽；再想那奴隶们，自晨曦初现至夜幕低垂，无休止地劳作于深沟之中，肩扛泥土，步履维艰。而他们的伙食，简陋如猪食，盛放在狭长的槽内，栖身之地既无遮风挡雨的帐篷，亦无柔软的稻草床铺。这便是我当时所面对的现实，我将辛苦积攒的钱财深埋地下，并做下标记，生怕有朝一日自己也会遗忘这份微薄的依靠。

"随着时间的推移，高强度的体力劳动逐渐消磨了我的意志，数月间，我的精神几近崩溃。加之病痛的侵袭，热病缠身，食欲全无，连每日勉强入口的羊肉与蔬菜也变得索然无味。夜晚，我辗转难眠，思绪万千，痛苦不堪。

"在这绝望的深渊中，我回想起奴隶同伴萨巴多的话语：如何在艰苦环境中偷闲自保，免于过度劳役。但转念一想，我们共度最后一夜时，我对他那种逃避责任的态度已深感不齿，认为那绝非正道。

"接着，海盗的悲惨命运浮现在我的脑海中，一股反抗的冲动油然而生，我想象着以死相拼或许能摆脱这无尽的苦难。然而，当脑海中闪现出他遍体鳞伤、鲜血淋漓的画面时，现实瞬间就击碎了我的这一幻想。

"在这绝望与挣扎之际，梅吉多的形象跃然眼前。他那双因勤劳而布满老茧的手，以及脸上始终洋溢的希望与幸福，如同明灯一般照亮了我的前路。我意识到，梅吉多的生活态度或许正是解脱之道。

"然而，我内心的困惑却愈发强烈。我同样热爱工作，甚至可能比梅吉多更为努力，为何却未能收获幸福与成功？难道这一切都只是命运的玩笑，是神灵对梅吉多的特别恩赐？难道我注定要在这无尽的劳作中徘徊，永远无法触及那遥不可及的梦想？

"这些问题如同巨石般压在我的心头，让我喘不过气来。就在我几乎要被绝望吞噬时，萨希的出现带来了一丝转机。他奉命召我返回巴比伦，我仿佛抓住了救命稻草，匆匆挖出埋藏的积蓄，穿着破旧的袍子，带着忐忑与不安，踏上了归途。

"在归途中，高烧的折磨让我的思绪如同被飓风席卷的落叶，翻飞不息。我脑海中回荡着故乡歌谣中那幽深而凄美的旋律，它似乎预示着我命运的轨迹：

厄运如龙卷风骤起，

狂风暴雨间人踪难觅，

其路径曲折迷离，

终局更是莫测难期。

"我反复自问，是否此生注定要承受这无端的重罚，而梦想却遥不可及？未来的路，又将在何方埋伏着未知的苦难与失望？

"踏入主人家庭院的那一刻，我的惊讶无以复加。竟是阿拉德·古拉，这位旧识，正满含笑意地等候着我。他迅速接过我的行囊，给予了我一个温暖如春日的拥抱，那力度仿佛我们是久别重逢的亲人。

"行走间，我本能地保持着奴隶的谦卑，试图依循规矩跟在他的身后。但他却执意打破这份距离，用他坚实的臂膀环绕住我的肩膀，语气中满是关切与喜悦：'我一直在找你！几乎要放弃希望时，幸得史娲丝蒂的指引，她告诉我关于你主人债务的线索，进而我找到了你的新主人。那人可真是难缠，但为了你，我甘愿付出高昂的代价。因为你的人生智慧与进取精神，一直是我前进的动力，激励我走到了今天这一步。'

"他的话语如同一缕阳光，穿透了我心中的阴霾，给予我前所未有的慰藉与力量。在那一刻，我仿佛看到了希望的曙光，照亮了前方未知的道路。

"'请允许我更正，'我急忙澄清，'那应当是梅吉多的人生智慧，而非我独有。'

"阿拉德·古拉闻言，笑容更加灿烂：'不，那是你们共同的财富，梅吉多与你，我都深怀感激。此番我们全家即将迁往大马士革，我迫切需要你这样的伙伴同行。你看，就在此刻，你即将重获自由。'说着，他从怀中取出一块沉重的泥板，那上面镌刻着我的名字，曾是我身为奴隶的烙印。他高高举起，然后重重摔落，泥板瞬间四分五裂。他兴奋地在碎片上践踏，直至它们化为尘土，象征着束缚的枷锁彻底解除。

"我的眼眶湿润了，心中充满了难以言喻的感激。我意识到，自己无疑是巴比伦最幸运的人之一。工作，这位无形的朋友，总是在我最需要时挺身而出，以它独有的方式证明其重要性。它不仅让我免于更惨烈的命运，还让我有幸成为阿拉德·古拉的商业伙伴。"

哈丹·古拉听完讲述，眼中闪烁着好奇的光芒："祖父的成功，是否也源自辛勤工作？"

萨鲁·纳达目光坚定地回答："从我初识你祖父的那一刻起，我就坚信，辛勤工作是他成就一切的基石。他的勤奋与对工作的热爱，赢得了众神的青睐，也为他带来了无尽的财富与尊重。"

哈丹若有所思，继续道："我开始明白，正是祖父的勤勉精神，吸引了众多同样尊敬努力之人的追随，共同铸就了他的辉煌。在大马士革，他也因此赢得了更多的荣誉与尊重。工作，不仅是他成功的阶梯，更是他人格魅力的体现。我曾浅薄地认为，工作只是奴隶的宿命，如今看来，那是何等的误解。"

萨鲁·纳达感慨道："人生百态，各有其乐。我庆幸工作不仅属于奴隶，它是每个人的权利与享受。诚然，我也追求其他形式的快乐，但没有任何一种能取代工作在我心中的位置。它赋予我存在的意义，让我实现自我价值。"

此刻，萨鲁·纳达一行人已行至巴比伦城墙的阴影之下，宏伟的铜制城门矗立眼前。城门卫兵见他们靠近，立刻挺立致敬，向这位受人尊敬的巴比伦子民表达最高的敬意。萨鲁·纳达昂首挺胸，带领着他的商队，穿过城门，步入繁华的市街，每一步都充满了力量与自豪。

哈丹·古拉的眼中闪烁着决心与新的认知，他低声向萨鲁·纳达透露了自己的心声："实际上，我一直梦想着成为祖父那样的人，但过去我对他的了解太过肤浅。今天，你为我展示出他真正的面貌，让我对他有了更深的敬意。我决心要追随他的脚步，学习他的精神。你慷慨分享祖父成功的秘诀，这份恩情我将铭记于心，我定当全力以赴去实践。从今往后，我将把辛勤工作视为我的座右铭，从细微之处做起，这比任何珠宝华服都更能彰显人的价值。"

说着，哈丹·古拉毫不犹豫地取下了耳上璀璨的珠宝和手指上的戒指，这些曾经让他引以为傲的装饰，在这一刻显得如此多余。他轻拍马背，调整方向，让自己紧随着萨鲁·纳达这位历经风霜、令人敬仰的商队领袖，心中充满了对未来的憧憬和决心。

接下来的日子里，哈丹·古拉的行为发生了翻天覆地的变化。他不再是那个对工作充满厌倦、懵懂无知的年轻人，而成了一个勤奋努力、追求卓越的奋斗者。他深知，成功与财富不会从天而降，而需要通过不懈的努力和辛勤的汗水去争取。

哈丹·古拉的故事在巴比伦城内外传为佳话，人们纷纷赞叹他的转变和成长。他不仅继承了祖父和萨鲁·纳达那种对工作的热爱和执着，更在不断地实践中积累了自己的经验和智慧。随着时间的推移，他逐渐成长为一位杰出的商人，在商业上取得了辉煌的成就，也赢得了人们的尊敬和爱戴。

最终，哈丹·古拉传承了祖父和萨鲁·纳达辛勤工作的品质，收获了与他们相媲美的巨额财富和极佳运气。他用自己的经历证明了一个真理：无论出身如何，只要拥有正确的价值观和不懈努力的精神，就可以创造出属于自己的辉煌人生。

理财智慧：勤劳为因，财富为果

1. 即便身处奴役之境，勤勉不辍亦能为你招来福祉。毕竟，没有哪位主人会忍心伤害那些甘愿为其辛勤工作的奴隶，他们反而会欣赏并善待那些勤勉之人，给予他们特别的关注与优待。

2. 将工作视为挚友，怀抱热爱之心投入其中，幸运便会如影随形，它不仅能为你抵挡不幸与灾难的侵袭，更有可能在关键时刻成为你的救星。

3. 财富的累积始于不懈地劳作，你的勤奋与努力程度直接决定了金钱累积的速度与数量。因此，越是积极投身工作之中，你便越能加速通往财务自由的道路。

4. 幸运之神偏爱那些甘于付出辛勤汗水的人，连众神也会慷慨地赐予他们恩泽。相反，对于那些逃避或轻视工作的人，厄运则如影随形，苦难将成为他们一生的伴侣，使其生活充满悲苦。

5. 辛勤工作，乃是开启幸运与财富之门的金钥匙，这一简单而有效的秘诀对所有人均适用。坚定信念，持之以恒，不仅能从困境中解脱，更能书写出属于自己的辉煌人生篇章。

6. 相较于继承先辈留下的丰厚财产，传承他们勤勉工作的精神遗产与智慧启迪更为宝贵。如此，便能够像他们一样，拥有财富、荣耀与他人的尊敬。

让金钱为你增值

宝贵的理财教训

罗丹是巴比伦城中一位技艺超群的矛匠，此刻他正满心欢喜地漫步在王宫外的宽阔大道上，步伐中洋溢着难以抑制的喜悦。他的喜悦源自肩上的大皮囊，那里面沉甸甸地装满了整整 50 块璀璨夺目的黄金，这是他职业生涯中所获得的前所未有的巨大财富。这金光闪闪的宝藏，让罗丹几乎想要欢呼雀跃，每行走一步，金币间的碰撞声如同天籁之音，为他奏响了一曲专属于成功者的乐章。

这50块黄金，不仅是财富的象征，更是罗丹心中无限憧憬的源泉。他难以置信自己竟能拥有如此庞大的财富，这份突如其来的幸运让他既兴奋又迷茫。他想象着这些黄金能带来的种种可能：一栋梦寐以求的豪宅、广袤无垠的土地、成群的牛羊骆驼甚至是风驰电掣的战车……每一个念头都让他心潮澎湃，仿佛整个世界都因这些黄金而变得更加美好。

然而，好景不长，数日之后的一个黄昏，罗丹的脸上却失去了往日的笑容，取而代之的是深深的困惑与忧虑。他沉重地踏入了马松的钱庄，那是一个集黄金借贷、珠宝交易与丝织品买卖于一身的繁华之地。但此刻的罗丹，无心欣赏店内琳琅满目的商品，他的心中只有那沉甸甸的黄金和随之而来的烦恼。他穿过熙熙攘攘的待客区，直奔马松所在的内室。只见马松悠然自得地斜靠在柔软的毯子上，正享受着黑奴精心准备的美食，那份闲适与罗丹此刻的心情形成了鲜明对比。

这次造访，预示着罗丹即将面对一场关于金钱、梦想与现实的深刻对话。黄金，这个曾经让他无比兴奋的词汇，如今却成了他心中难以言说的负担。

罗丹双脚微微分开，皮外套半敞，不经意间露出几缕浓密的胸毛，他站在马松面前，神情迷茫，显得有些手足无措，声音也略带颤抖："我……我，马松，我想和你谈谈，因为……我真的不知道该怎么办了。"

马松那张消瘦泛黄的脸庞上立刻浮现出一抹温暖的笑容，他轻轻地向罗丹点了点头，语气中带着几分熟稔与关切："哦？罗丹，你这是怎么了？难道是遇到了什么让你难以抉择的大事，以至于要跑到我这钱庄来寻求帮助？是不是赌博输了，或者是被哪位温柔乡里的佳人迷了心智？我们这么多年的交情，你可是头一遭这么垂头丧气来找我啊。"

"不是的，马松，你误会了。"罗丹连忙摆手，语气中带着几分急切，"我并不是来找你借钱的，我只是……只是希望你能给我一些建议，一些明智的忠告。"

马松闻言，眉头轻轻一挑，脸上露出几分惊讶与玩味："哦？这可真是稀奇了！这年头，竟然还有人会主动找上借债人求忠告？我还以为我的耳朵出了什么问题呢！"

"千真万确，马松。"罗丹认真地说道，眼中闪烁着真诚的光芒，"我确实不是为了借钱而来，我只是希望你能用你的经验和智慧，为我指点迷津。"

马松微微一笑，眼神中闪过一丝狡黠："这么说来，咱们这位平日里沉默寡言的矛匠罗丹，今天是来请我这个钱庄老板给上课的？不过话说回来，谁又能比我们这些天天与金钱打交道的人更懂得人生的道理呢？好吧，罗丹，既然你如此诚恳，那我就洗耳恭听，看看你有什么难题需要我这个老年人来为你解答。"

马松接着微笑着说："罗丹，让我们共进晚餐吧，你今晚就是我的贵客。"马松的热情邀请如同春风般温暖了罗丹的心房。随后，马松转身对黑奴安多吩咐道："安多，快为我这位寻求智慧的朋友，矛匠罗丹，铺设一条舒适的毯子，并准备一桌丰盛的美食，还有最大的杯子，装满我们最好的酒，让他尽情享受这份款待。"

晚餐准备就绪，两人围坐在一起，马松的目光中充满了好奇："现在，罗丹，请告诉我，究竟是什么困扰着你这位幸运儿？"

罗丹轻轻叹了口气，道出了心中的烦恼："是国王的慷慨赠礼，那些黄金，它们成了我的负担。"

"国王的礼物？"马松的脸上露出了惊讶之色，"那可是无上的荣耀啊！但为何又会让你苦恼呢？快说说，这礼物究竟是什么？"

罗丹缓缓说道："国王对我的新矛头设计大为赞赏，于是赐予了我50 块黄金。然而，这份厚重的礼物却让我陷入了困境。"

他停顿了一下，似乎在整理思绪，然后继续说道："自从我得到这些黄金后，白天里几乎每时每刻都有人上门，以各种理由恳求我分给他们一些。这让我感到既为难又疲惫。"

马松闻言，点了点头表示理解："这确实是人之常情，毕竟渴望拥有黄金的人总比已经拥有的人要多得多。他们总是希望那些已经富足的人能够慷慨解囊。但罗丹，你为何不能拒绝他们呢？你的意志，应当如同你打造的矛头一样，坚不可摧才是啊！"

"拒绝别人很容易，但对我的姐姐和她丈夫阿拉曼，我却不知道怎么应对。我姐夫阿拉曼想找我借钱做生意，变成一个富有的商人。"罗丹沮丧地说道。

"罗丹，当你考虑是否将黄金借给阿拉曼时，你实际上是在评估你们之间的信任程度，以及你对阿拉曼能力和诚信的认可。同时，你也必须做好可能失去这部分黄金的心理准备。因为，不是每个人都能像预期那样成功，也不是每个人都能按时归还欠债。"

"所以，在做出决定之前，我建议你深思熟虑。你可以与你的姐姐和姐夫阿拉曼坦诚地交流，了解他们的详细计划，评估他们的能力和风险。同时，你也可以考虑制定一份明确的借贷协议，以确保双方的权益得到保障。"马松说。

"记住，金钱虽然重要，但亲情和信任同样珍贵。在做出决定时，请务必权衡利弊，保持清醒的头脑和坚定的意志。"

马松停顿了一下，似乎在组织语言，然后继续说道："你听过尼尼微农夫的故事吗？有一位名叫尼尼微的农夫，他拥有与动物沟通的特殊能力，每日黄昏时分，他总爱漫步于农场之中，悄悄聆听动物们之间的对话。某日，他清晰地捕捉到一头公牛向它的挚友——一头驴子，倾诉着自己的不幸遭遇：'驴子啊，你是我心中最亲近的伙伴。而我，日复一日，从晨光初现到夜幕低垂，都在田间辛勤劳作，拉着沉重的犁具。双腿疲惫不堪，颈间的轭具将皮肤磨破，我都必须坚持不懈。反观你，生活得如此惬意，身披斑斓彩衣，无须承担繁重劳动，只需载着主人悠然前行，若主人无出行之意，你便能悠然自得地享受美味的青草，整日休憩。'

"尽管驴子对公牛这番话并不全然认同，但它对公牛的处境深表同情，且始终视自己为公牛最真挚的朋友。于是，它温言相告：'亲爱的朋友，你的辛劳我感同身受，我渴望能为你分担一二。现在，我传授你一个偷得浮生半日闲的妙计。待到明日清晨，当主人的仆人准备带你下田时，你便故意倒地不起，并发出痛苦的叫声，这样他或许会误以为你身体不适，从而让你得以休息。'

"公牛采纳了驴子的提议。次日清晨，奴隶向主人报告说公牛生病了，无法胜任拉犁的任务。主人随即下令：'既然如此，那就让那只驴子代替公牛去拉犁吧，农田的耕作不能中断。'

"此刻，一心为友的驴子才恍然大悟，自己竟要承担起本不属于它的繁重劳动。然而，驴子并不擅长犁田，整个白天，它都在努力却艰难地拉着犁具，直至夜幕降临，才得以解脱。此时的驴子，双腿沉重如铅，几乎无法动弹，颈部更是疼痛难忍，被牛轭磨破的地方血肉模糊，触目惊心。

"夜幕降临后，农夫再次踏入谷仓，静静聆听动物们的交流。公牛首先打破了沉默：'驴子啊，你真的是我真正的挚友。你的计策让我享受了一整日的悠闲时光，还有美味的青草。'而驴子则满腹委屈，愤慨地回应：'我却成了那个愚蠢的好心人，本想助你，反将自己拖入苦海。以后，还是你自己去拉犁吧。我听主人对仆人说，若你再次生病，就会将你卖给屠夫。我真心希望如此，因为你实在太懒惰了。'自那日起，这两只动物之间再无言语交流，曾经的友谊与亲密无间化为了冷漠与疏远。"

听完这个故事，当罗丹被问及是否能从中领悟到什么教训时，他沉思片刻后回答："这确实是个引人入胜的故事，但关于其中蕴含的教训，或许需要时间去细细品味。它提醒我们，在帮助他人时也要考虑自身的能力与后果，避免好心办坏事，同时也警示我们珍惜真正的友谊，避免因误解和冲动而失去它。"

这个故事对于罗丹来说是一个很好的启示。面对亲姐姐和姐夫阿拉曼的请求，他需要考虑的不仅仅是情感上的支持和帮助，更需要理性地评估自己的风险承受能力。如果他决定借出黄金，那么他就需要明确自己的期望和界限，避免因为过度介入而给自己带来不必要的困扰和损失。

安全借贷的艺术

为了进一步阐述这个观点，马松提出带罗丹去参观他的库房，让库房里的物品"讲述它们自己的故事"。在这里，马松实际上是在暗示，库房中的每一件物品都可能代表着一次借贷的经历，它们或成功或失败，无论如何都蕴含着深刻的教训。

马松在仓库深处，拎出一个精心制作的箱子，其尺寸恰好与他的臂长相吻合，箱子表面被一层鲜艳的红猪皮紧紧缠绕，四周还巧妙地镶嵌着熠熠生辉的铜边饰。他小心翼翼地将其置于地面，随后屈身下蹲，双手稳稳落在箱盖上。

马松说道："凡是从我这里借贷黄金者，皆需留下相应的抵押物或担保品，安置于此箱内，直至债务全额清偿。一旦债务清偿完毕，我必将抵押物原封不动地归还；若债务悬而未决，这些抵押物便成为我记忆中一张张警醒的标签，它标记着那些借贷者的信用有待考量。

"箱内所藏的抵押品，连同我多年积累的经验，共同揭示了一个道理：最稳妥的借贷之道，莫过于将黄金借予那些个人资产远超借款数额之人。他们可能拥有广袤的土地、璀璨的珠宝、健壮的骆驼或其他价值连城的资产作为后盾，其中不乏有人以价值超过借款的珠宝作为抵押，更有人许下承诺，若无法如期偿还，愿将部分房产地产转归我名下。对于此类借款人，我信心满满，深信能够全额收回本金与利息，因为借贷额度始终被严格控制在他们财产价值的合理范围内。

"还有一类借款人，他们凭借自身技能谋生，如同你一般，通过勤劳的双手、精湛的技艺或提供的服务获得稳定收益。只要他们秉持诚信，不受重大变故波及，我亦深信他们能够如约偿还我所借出的黄金及其利息。对此类借贷，我会根据借款人的实际创收能力来灵活设定借贷额度。

"当然，另有一群人，他们既无资产傍身，也无稳定收入可依，生活困顿至极。唉，尽管他们手中或许连一枚铜板都没有，我仍会伸出援手，借予他们黄金，但前提是必须有他们值得信赖的朋友以人格作保，否则，我的抵押品箱恐将化作无声的责备，时时提醒我没有收回那些无法收回的借贷。"

言毕，马松缓缓打开箱盖上的铜扣，箱门应声而开。罗丹按捺不住心中的好奇与急切，身体前倾，目光穿透箱口，一探究竟。箱顶之上，一条璀璨的珠宝项链静卧于一块鲜艳的红布之上，显得格外耀眼。

马松轻轻拾起项链，指尖滑过每一颗宝石，眼中闪过一丝哀伤："这条项链，怕是永远要留在这抵押品箱中了，它的主人，因一时的失误，再也无法赎回它。那是一位满脸皱纹、体态丰腴的老妇人，她总是喋喋不休，言语间却常显混乱，让我倍感无奈。往昔，她家境殷实，是我的忠实客户，但命运弄人，她的家道中落了。这位妇人把所有的希望寄托在年轻的儿子身上，梦想他能成为富甲一方的商人。于是她向我借了黄金，助其子加入沙漠商队，踏上经商之旅。

"未曾想，她儿子的伙伴竟是奸诈之徒，趁其不备，悄然离去，将她儿子遗弃在异国他乡，他儿子孤立无援，身无长物，自然就难以回来偿还这笔债务。或许，待那年轻人历经风雨，成熟稳重之后，会有能力偿还债务。但在此之前，我只能忍受着她母亲无休止的诉说，而无望收取分毫利息。不过，我也得承认，她抵押的这些珠宝，其价值远远超出了她借的黄金。"

"这位妇人是否曾向你询问过关于借贷的明智建议呢？"

"没有。她的心中只有让儿子成为巴比伦最显赫富豪的愿望。任何与她意见相左的言辞，都会轻易触动她的愤怒，实不相瞒，我早已预见她那年轻且缺乏历练的儿子可能会遭遇挫折，但鉴于她甘愿为子担保的坚决态度，我就没有拒绝她的请求。"

马松随后轻轻一挥手，指向一旁缠绕着的一捆丝绳，继续说道："那是骆驼商人纳巴图的抵押之物。每当他手头现金不足以支撑购买骆驼群时，便以此丝绳作为抵押，向我借贷所需资金。纳巴图是一位精明且值得信赖的商人，他的判断力令我深感钦佩，因此我非常乐意将黄金借给他。同样，我对巴比伦城中的许多其他商人也抱有极大的信心，因为他们的诚实经营以致他们的抵押品在我的箱中频繁进出。优秀的商人是这座城市不可或缺的宝贵资源，我能为他们提供资金支持，促进他们的商业活动，实则也是在为巴比伦的繁荣与昌盛贡献一份自己的力量。"

马松接着拿起一枚由绿松石雕琢而成的甲虫饰品，随后带着几分轻蔑的神情将其抛回原处，说道："这简直是从埃及来的一个不祥之物！那位持有这枚宝石甲虫的埃及青年，似乎对我能否追回他拖欠的黄金毫不在意。每当我向他提及债务时，他总是以'时运不济，我无力偿还'为由搪塞。他还扬言这抵押品来自他父亲——一位拥有广袤田产与众多畜群的富豪，声称其父会倾尽所有支持他的事业。起初，这年轻人在商场上确实有所建树，但无奈他太过急功近利，加之缺乏必要的商业知识与经验，最终导致了事业的崩溃。"

谨慎借贷，避免陷阱

马松见罗丹陷入思索，感叹道："一些年轻人，虽怀揣热情与梦想，但急于求成，想通过捷径迅速累积财富。他们盲目地向他人借贷，却未曾意识到，那难以偿还的债务如同无底深渊，一旦踏入，便可能陷入无尽的挣扎与痛苦之中。我并不反对年轻人借贷，实际上，我是借贷的受益者，我的事业正是始于每一笔明智的贷款。但关键在于，借款必须有正确的目的和深思熟虑的判断。"

他继续说道："面对年轻人借贷，作为放款者，我会再三衡量。多数前来借贷的年轻人，他们或许正经历着挫败与迷茫，未能全力以赴地偿还债务。然而，夺取他们家族世代相传的土地与牛群，这样的决定又让我于心不忍。因此，我要审慎地评估每一个借贷请求，既要考虑借款人的实际情况与还款能力，也要兼顾人情和伦理。"

听后，罗丹鼓足勇气，坦诚地说："我承认您的话充满智慧，但似乎还未直接触及我的困境。我不知道是否该将那50块黄金借给我的姐夫，毕竟这些黄金对我而言意义非凡。"

马松闻言，耐心地说："你姐姐确是一位值得尊敬的女性，我也对她抱有敬意，但尊敬并不意味着可以放心借贷。若是你姐夫来向我借这50块黄金，我首先会细致询问他的借款用途。"

马松接着说道："假如他说他想涉足珠宝及装饰品贸易，成为像我这样的商人，我则会进一步询问：'你对这个行业有多少了解或有没有实践经验？你是否清楚哪里能采购到性价比最高的商品？又是否知道哪些市场能卖出最理想的价格？'你姐夫能否对这些问题给出清晰且确信的答案呢？"

罗丹思索片刻后，无奈地承认："不，他并不具备这些知识和经验。他以前主要是帮我制作矛器，并在几家商店里工作过，与珠宝贸易相去甚远。"

马松摇摇头说："基于你描述的情况，我会明确告诉他，他的借款意图并不明智。作为一个商人，必须深谙自己所在行业的精髓与细节。雄心虽重要，若缺乏可行性，经商之路便不会顺利。如此这样，我是不会轻易出借黄金的。

"然而，如果他说他已经积累了丰富的经验，比如曾协助多位商人，了解如何在伊什麦那以低价采购家庭主妇编织的地毯，并且拥有稳定的销售渠道，能将这些地毯以理想的价格卖给巴比伦的富翁们，那么我会认为他的借款计划是明智且有前景的。只要他能够确保按时还款，我非常乐意借给他 50 块黄金。

"但反过来，如果他仅凭诚信和支付利息的承诺作为担保，而缺乏实质性的抵押品或风险应对措施，比如提到在往返伊什麦那的旅途中可能遭遇的强盗风险，对此，他没有清晰的应对措施。那么我必须提醒他，我珍视每一块黄金的安全。在这样的情况下，如果一旦发生意外导致他无力偿还欠款，我的黄金将面临巨大风险，这样的借款请求我恐怕难以应允。"

马松神色凝重，进一步阐述道："罗丹，黄金对于信贷业者而言，是赖以生存的基石。借出黄金虽易，但若缺乏明智的头脑，收回便成难题。聪明的债主，绝不会轻率地将金钱托付于不可信之人，除非借款人能提供可靠的抵押，并承诺稳妥偿还。"

他顿了顿，语气中满含深意："帮助他人，无论是困境中的援手，还是不幸时的慰藉，乃至助力创业者的梦想启航，都是值得称颂的善行。但行善之时，我们亦需清醒理智，避免重蹈农场驴子之覆辙，好心助人反被重担所累。"

马松转向罗丹，语气变得尤为恳切："关于你的问题，我愿再次以迂回的方式给出建议。请务必铭记：守护好你那珍贵的50块黄金，它们是你辛勤劳动的结晶，理应由你独享。若你渴望通过借贷生息以增加财富，务必慎之又慎，且分散投资，降低风险。我虽不主张黄金闲置，但更不愿见其陷入无谓的冒险之中。"

金钱增值的秘诀

罗丹接受了马松的建议。马松进一步阐述道："作为专门经营黄金借贷的商人，我累积的黄金已远远超出我个人业务所需。我内心渴望利用这些多余的财富去帮助那些有需求的人，从而促使黄金流动与增值。但与此同时，我坚决不会轻率地承受任何可能导致我损失的风险。毕竟，这些黄金都是我通过不懈的劳作与严格的自我节制才得以积累的。

"因此，一旦我察觉出借黄金存在不确定性，即无法保证其安全回收时，我便会坚决拒绝这样的交易。同样地，如果我认为借款人缺乏迅速偿还债务的能力，我也会选择不将黄金借给他们。

"罗丹，我与你分享了许多关于抵押品背后的故事，这些故事不仅仅是关于箱子的秘密，更是对人性的深刻剖析，展现了人们在面对金钱诱惑时的脆弱与迷茫，以及他们对成功借贷未必能如期偿还的普遍现象。通过这些故事，你应能洞察到，只有那些真正具备实力、智慧和经验的人，才更有可能在借得黄金后实现财富的显著增长。相反，对于那些缺乏必要准备、技能或专业培训的人来说，他们心中的致富梦想往往只能成为一场空幻的泡影。

"罗丹，既然现在你手中握有一笔可观的黄金财富，你应当充分利用它，让它在流转中为你赚取更多的黄金。这样，你或许能像我一样，成为黄金借贷领域的行家。若你能秉持稳健的原则并利用适当的方法来运营这些黄金，它们一定能为你带来丰厚的利润，成为你人生旅途中财富、快乐与幸福的坚实基石。当然，若你疏忽大意，让这份财富在不经意间流失，它也可能成为你余生中挥之不去的痛苦、噩梦与悔恨之源。"

罗丹的心中充满了对马松深深的感激之情，正当他准备向这位智者表达由衷的谢意时，马松似乎早已洞察了他的心思，并未等他开口便继续说道："我相信，从国王赠予你的这份礼物中，你已汲取了不少关于财富管理的智慧。若你真心希望留住这50块黄金，务必时刻保持警惕。未来的日子里，你将面对无数借贷者的诱惑，也会有许多'热心'人向你推销各种投资方案，更有看似唾手可得的财富机遇等着你。但请牢记我的抵押品箱子中那些真实而深刻的教训：在你决定让任何一块黄金离开你的掌控之前，务必确保它能完好无损地归来。若你仍需进一步的指导，我随时欢迎你的到来，很乐意继续为你提供有益的忠告。"

随着夜幕的降临，罗丹与马松的交谈也接近尾声。罗丹满怀敬意地向马松道晚安，心中已经有拒绝姐夫的理由，随后他踏上了归途。在回家的路上，罗丹的思绪如潮水般翻涌。他意识到，今晚学到的知识不仅及时且极为重要，这些来自马松的睿智忠告，其价值远远超出他手中的50块黄金。这些教诲将成为他人生旅途中宝贵的财富，指引他在未来的日子里更加明智地管理自己的财富，避免陷入不必要的风险与困境。

理财智慧：让金钱为你工作

1.当你向朋友伸出援手时，可以献出爱心，但切记勿将他们的重担全盘揽上身，以免自身也背负起难以承受之重。

2. 随意向朋友借贷金钱需三思，因为此举往往伴随着双重风险：既可能损失钱财，又可能牺牲友情。

3. 适宜借贷的三种对象：一是财力雄厚，拥有财富远超借款额度者；二是拥有稳定收入来源者；三是能提供有效抵押或可靠担保者。他们共同的特征是自尊自爱，值得信赖。

4. 绝对不宜借贷的三种人包括：深陷困境、麻烦缠身者；知识与能力不足以支撑还款者；债务累累、偿还无望者。简而言之，每一个放纵自我、缺乏信用的个体都应避而远之。

5. 持有相当财富之时，请遵循两大原则：首先要确保资金安全无忧，其次则是力求通过投资实现增值。若后者难以把握，则应回归"安全第一"的原则。

在金钱借贷的领域，流传着一句至理名言，它不分借贷双方，普遍适用：行事之前，谨慎万分，好过事后无尽的懊悔与遗憾。

构建财富的坚固防线

巴比伦的昔日辉煌

时光如白驹过隙，转眼间，考德威尔教授与什鲁斯伯里教授携手并肩，已在这项共同的事业上耕耘了半年有余。这段时间，他们的心中始终交织着紧张与激动，每日的生活几乎被挖掘、翻译及编纂那些珍贵的泥板文书所占据，除了短暂的就餐与必要的休息，他们的全部身心都沉浸在了这项浩大的工作之中。

迄今为止，他们所取得的进展与成就远远超出了预期，这不仅验证了考德威尔教授初时的敏锐洞察，也更加验证了那条不言而喻的真理：远古巴比伦的辉煌强盛，必然有其独特的致富之道与智慧法则，且这些宝贵的知识与经验定会广泛流传，供后人借鉴学习。

前几章节中，经过精心翻译与整理的泥板内容，如同一把钥匙，逐渐揭开了古巴比伦繁荣昌盛的神秘面纱。连两位教授自己都难以相信：在这片历经千年风霜、几乎被遗忘的历史遗迹之下，竟隐藏着如此丰富且极具价值的财富智慧。它们是如此珍贵，令人叹为观止！

每日，他们都难掩对译文中每一行文字的深深震撼。他们惊叹巴比伦人竟能以如此古老的泥板形式，将那些理财与致富的深刻法则完整保存并传承至今，更惊叹在遥远的五千多年前，巴比伦人便已洞察并实践了这些不朽的财富法则。最令人惊叹的是，尽管岁月流转，世事沧桑，这些法则在今日社会非但未被淘汰，反而愈发熠熠生辉，展现出跨越时空的普世价值，持续照亮着现代人的财富之路。

当考古学家轻轻拂去覆盖在巴比伦废墟上的千年尘埃，那些残破的古老街道、倾颓的神殿与皇宫逐渐显露真容，仿佛在诉说着往昔的辉煌与沧桑。站在这片历史的遗迹之上，现代人只能凭借考古学的严谨研究与丰富想象力，去重构那个时代的繁荣景象：那富丽堂皇的宫殿、熙熙攘攘的市集、广袤无垠的农田、宏伟壮观的都市以及那已化作历史烟云、难觅踪迹的驼队……

然而，尽管古巴比伦的辉煌已不在，但它的历史与智慧却如同璀璨的星辰，穿越时空的隧道，照亮了后人的道路。这得益于巴比伦人那些珍贵的原始记录泥板文书。在那个纸张与印刷术尚未问世的远古时代，巴比伦人巧妙地利用潮湿的泥板作为书写材料，将文字一笔一画地刻入其中，再经过火烤使其硬化得以保存。这些泥板，大多六英寸宽、八英寸长、一英寸厚，不仅承载着当时社会的各种信息，更成为连接过去与未来的桥梁。

在这些泥板上，我们可以读到传奇故事、优美诗词、国王的命令、法律条文、土地契约、商业交易记录……甚至还能窥见巴比伦人日常生活的点滴，如某位乡村商店主人留下的泥板，则详细记录了顾客用母牛兑换小麦的交易详情。这些看似琐碎的记录，实则生动地展现了巴比伦社会的经济生活与财富观念，为我们理解本书中的理财观念与财富法则提供了宝贵的历史背景与实证依据。

无与伦比的巴比伦城墙

说到巴比伦，我们还有必要提一下巴比伦城墙，这道雄伟坚固的城墙，不仅是建筑史上的奇迹，更是巴比伦城的守护神，它为保护巴比伦人民立下了汗马功劳。

此时，在巴比伦城墙上行走着一位身披战甲、面容坚毅的英勇战士老班札尔，他的眼神中透露出对即将来临的恶战的警觉与决心。在他身旁，是同样英勇无畏的战友们，他们手持各式兵刃，环绕城墙，构筑起一道坚不可摧的防线。巴比伦这座繁华富庶、人口众多的城市，其命运此刻正系于这些守城将士的肩上。

城墙之外，敌军如黑色洪流般汹涌而至，万马奔腾，喧嚣震天，仿佛要将一切阻挡之物吞噬。先头部队已至城下，重型器械开始轰鸣着撞击城门，每一次撞击都伴随着震耳欲聋的声响，仿佛预示着城门即将崩塌。

城内，巴比伦的街道上，兵士们列阵以待，他们的眼神中既有对未知战斗的紧张，也有誓死守护家园的坚定。然而，主力部队随国王远征埃兰，留下的守军力量薄弱，面对突如其来的亚述大军，双方显得尤为力量悬殊。

随着战事的白热化，民众们聚集在老班札尔周围，脸色苍白，眼神中满是恐惧与不安。他们焦急地询问战况，每一个阵亡者的抬入，每一声伤兵的呻吟，都如同重锤敲击着他们的心灵。城墙外传来的厮杀声，更是让每个人心中都笼罩上了一层不样的阴影。

在这紧要关头，巴比伦城墙成了决定国家命运的关键。它必须经受住前所未有的考验，否则，整个巴比伦帝国将面临覆灭的灾难。老班札尔和他的战友们深知这一点，他们咬紧牙关，誓死捍卫这座城市的每一寸土地，为巴比伦的未来而战。

随着攻守城墙的战斗进入白热化阶段，双方都展现出了前所未有的决心与勇气。敌军在连续 3 天对巴比伦城进行围攻后，终于将全部兵力集中在了老班札尔守卫的这段城墙和城门上，企图在这里撕开一道口子，突破防御。

城墙之上，巴比伦的士兵们英勇无畏，他们一边迅速而准确地射出箭矢，无情地收割敌军的生命，一边倾倒着滚烫的燃油，将企图通过绳梯攀爬而上的敌人化为火海中的焦土。枪矛与刀剑的碰撞声此起彼伏，每一次交锋都伴随着生命的消逝，但巴比伦的战士们毫不退缩，他们用生命捍卫着这座城市的尊严与安宁。

老班札尔站在战斗的最前沿，他的眼神坚定而冷静，时刻关注着战况的变化。就在这时，一位年迈的商人挤到了他的身边，双手颤抖着，眼中满是恐惧与无助。他恳求老班札尔告诉自己，巴比伦城是否能够抵挡住敌军的攻击，他的家人在城内无依无靠，他害怕失去一切。

老班札尔用沉稳的声音安慰着这位商人："请保持冷静，我的朋友。巴比伦的城墙是坚不可摧的，它见证了无数次的战斗与胜利。你回到集市去吧，告诉你的妻子和家人，城墙会保护他们的生命安全，也会保护城中的财产与粮食。请远离城墙，以免被敌军的箭矢所伤。"

老班札尔的话语如同一剂强心针，让商人稍稍安下心来。他意识到，在这个生死存亡的时刻，只有团结一致、坚定信念，才能共同抵御外敌的入侵。于是，他转身离开，将这份希望与勇气传递给更多的人。

而老班札尔则继续坚守在岗位上，他深知自己责任重大。他不仅要保护身后的市民与财产，更要守护巴比伦的荣耀与尊严。在这场激烈的战斗中，他将以自己的血肉之躯，筑起一道坚不可摧的防线。

接着，又有一位怀抱婴孩、满脸惶恐的妇女前来打探消息，老班札尔的回答更加坚定而温暖："请放心，善良的母亲，巴比伦的城墙是我们最坚实的屏障。它见证了无数次的战斗，从未让敌人得逞。我们的士兵正英勇地抵御着敌人的进攻，他们的呼喊声和燃油的倾倒声，都是对敌人最有力的回应。请相信，我们会保护你和你的孩子，保护这座城市中的每一个人。"

妇女听后，眼中闪过一丝希望的光芒，但她仍难掩内心的忧虑："可是，那城门被撞击的声音，让我心里很不安。"

老班札尔理解她的担忧，于是进一步解释道："请放心，巴比伦的城门同样坚固无比。它们设计巧妙，材料精良，足以抵挡任何猛烈的撞击。而那些试图攀爬城墙的敌人，只会成为我们枪矛下的亡魂。请尽快回到你丈夫和孩子身边，告诉他们这个好消息，让他们也安心。"

正当老班札尔忙着疏散人群，确保增援部队顺利通行时，一个胆怯的小女孩轻轻拽了拽他的腰带。她那双充满恐惧的眼睛里，满是对未知的害怕和对安全的渴望。

老班札尔蹲下身来，温柔地握住小女孩的手，轻声安慰道："孩子，别怕。我们都在这里，守护着这座城市，守护着你们的家。那些可怕的厮杀声，是勇敢的士兵们在保护我们不受伤害。你的妈妈、弟弟和小婴儿都会很安全的，因为我们有巴比伦的城墙和勇敢的士兵们。现在，请你跟着妈妈或其他人，到远处安全的地方去，好吗？"

小女孩点了点头，虽然眼中仍有泪光，但那份恐惧似乎减轻了许多。她紧紧抓着母亲的手，随着人群慢慢向后退去。

老班札尔目送着她们离开，心中充满了对这座城市的热爱和对未来的坚定信念。他知道，只要巴比伦的城墙还在，只要巴比伦的士兵还在，这座城市就永远不会倒下。

老班札尔用他的坚定与信念为小女孩和所有惊慌失措的民众带去了安慰。他的话语充满了力量，他让小女孩和所有民众相信，巴比伦的城墙会像守护神一样保护着她们。而他自己，则夜以继日地坚守在岗位上，时刻关注着战场的动态。

增援部队在他的指挥下，迅速集结在城墙通道上，他们身着铠甲，手持兵刃，准备迎接即将到来的战斗。每一次敌军的猛攻，都伴随着巴比伦士兵的奋勇抵抗。他们用自己的血肉之躯，筑起了一道坚不可摧的防线，保护着身后的城市与民众。

然而，战争依旧残酷无情地展现在每个人的眼前。三个星期以来，城墙下血流成河，士兵们的鲜血与泥土混合在一起，画面异常悲壮。老班札尔的脸色也日益冷峻，他深知这场战斗的艰难与残酷，但他从未有过丝毫的退缩。

城外，敌军的尸体堆积如山，每当夜幕降临，这些尸体便会被他们的同胞拖回去埋葬。然而，这并没有让敌军停止进攻的步伐，反而更加激起了他们的仇恨与攻城决心。

面对这一切，老班札尔始终保持着一名老战士的庄严与果决。他深知自己的责任与使命，那就是保护巴比伦，保护这座城市中的每一个平民百姓。因此，无论面对怎样的困难与挑战，他都会坚定不移地站在那里，用自己的行动诠释忠诚与勇气。

"巴比伦坚固的城墙和我们英勇的官兵必将保护你们！"这句话不仅是对民众的承诺，更是老班札尔内心深处的信念。他相信，只要巴比伦的城墙还在，只要巴比伦的士兵还在，这座城市就永远不会倒下。

随着第五个星期的第五天夜晚降临，巴比伦城终于迎来了转机。敌军的进攻逐渐显露出疲态，仿佛一支即将耗尽的蜡烛，再也无法维持其原有的光亮。当第一缕曙光穿透云层，照耀在巴比伦城墙上时，敌军营地里扬起了撤退的沙尘，那滚滚的尘埃如同战败者的叹息，在城墙外的平原上缓缓消散。

这一刻，巴比伦城墙的守卫军们爆发出震耳欲聋的欢呼声，他们知道，这场艰苦卓绝的战斗终于迎来了胜利。街头巷尾，满是跑出家门举行庆祝的民众们，他们的脸上洋溢着久违的笑容，所有的忧虑和恐惧在这一刻得到了彻底的释放。欢呼声、笑声交织在一起，响彻云霄，整个巴比伦城仿佛被一种难以言喻的喜悦所包围。

贝尔神殿塔顶，绚烂的烟火腾空而起，蓝色的烟柱在晨光中显得格外耀眼。这不仅是对胜利的庆祝，更是对巴比伦城坚忍不拔精神的颂扬。巴比伦的城墙再次证明了它的坚不可摧，它成功地抵御了残暴敌军的侵袭，保护了城内的丰富财宝和无辜百姓。

对于金钱与财富的管理和保护，也必须像保护我们的城市那样，具有高度的警觉性和责任感。这些财富如同有腿脚的灵物，时刻吸引着外界的目光与注意，若我们稍有不慎，便可能面临损失的风险。因此，构建一个全面而有效的保护计划至关重要。

首先，保险是保护财富的重要工具之一。它如同为财富穿上了一层防护衣，能够在意外事件发生时减少我们的经济损失。无论是财产保险、人寿保险还是健康保险，都能从不同方面为我们的财富和生活提供保障。通过合理配置保险，我们可以在一定程度上规避风险，确保在遭遇不幸时能够迅速恢复并继续前行。

其次，储蓄也是守护财富的重要手段。通过定期将一部分收入存入银行或其他金融机构，我们可以积累起一笔可观的财富，为未来的不时之需做好准备。储蓄不仅能够减轻我们应对突发状况的经济压力，还能在稳健的投资基础上实现财富的增值。

此外，可靠的投资也是保护财富并实现其增值的重要途径。然而，投资并非盲目跟风或听信他人之言，而是需要我们具备足够的投资知识和风险意识。在选择投资项目时，我们应当充分了解市场动态，分析项目前景并评估自身风险和承受能力。只有这样，我们才能在保障财富安全的同时实现其最大化利用。

综上所述，保护金钱与财富需要我们施行更多更广泛的保护计划。通过合理利用保险、储蓄及可靠投资等如坚固城墙一样具有保护作用的方式，我们可以有效地防范风险并确保财富的安全与增值。同时，我们也应当保持高度的警觉性和责任感，时刻关注市场动态和自身财务状况的变化，以便及时调整保护策略并应对可能出现的风险挑战。

理财智慧：为人生筑起安全网

1.无论是个人、城市还是国家，其获取财富与荣耀的背后，定有其深刻的缘由与合理的逻辑。每个人都应当深思、领悟这些原则，并将其精髓融入日常生活的每一个细节中。

2.巴比伦之所以能够繁荣昌盛，其缘由诸多，但其中无疑涵盖了对资源的极致利用、超越自然的人类智慧、不懈的进取心与惊人的创造力，以及持续积累财富并构建抵御外敌的坚固屏障等多种因素。

3.巴比伦历经数代而不衰，长达千年的繁荣得益于其坚不可摧的城墙与英勇无畏的守卫者。这启示我们，每个人都应为自己的财富筑起防线，并坚决捍卫。

4.金钱如同有腿脚的灵性生物，总是吸引着无数目光与算计。若缺乏妥善的管理与严密的防护，它们便可能无声无息地溜走，或被他人以不正当手段夺取。

5. 为确保财富、生命及未来的安全，我们应更加明智地利用保险、储蓄及稳健投资等保护手段，同时拓宽并加强我们的防御措施，以抵御潜在的风险与灾难。

6. 追求稳固的保护，是人性中根深蒂固的需求与渴望。但要实现这一愿望，我们必须全力以赴，为自己建造一道坚不可摧的防线，并勇敢地守护它，不让任何威胁轻易穿透。

才华不应被贫穷束缚

巴比伦工匠的苦恼

在两河流域，由于连年的战火纷争，使得战车成了众人竞相追捧的宝物。它不仅是战场上保护生命的坚实盾牌，更是身份尊贵与地位显赫的象征。在这样的背景下，巴比伦城内一位享有盛名的战车制造匠班希尔，却陷入前所未有的困境之中。

这一天，他孤独地坐在自家简陋院落的矮墙上，凝视着空旷的家和几乎暴露在烈日下的工坊，眼神中满是哀愁与无奈。工坊内，有一辆尚未完成的战车孤零零地矗立着，显得格外凄凉。

妻子在敞开的门边徘徊，也显得心事重重，她不时偷偷地望向班希尔，那眼神中既有担忧也有期盼。这让班希尔更加心痛，他深知不仅自己身无分文，家中也已断炊。理智告诉他，此时应立刻行动起来，不分昼夜地投入工作中，将那辆战车精心雕琢，打磨上漆，调整每一个细节，以求早日完工并售出，换取急需的银两。

然而，他的身体却仿佛被无形的力量禁锢，仍旧无力地坐在矮墙上，没有丝毫起身的意愿。他的思绪被一个问题紧紧缠绕，无论如何挣扎都无法挣脱。那是一个他无法理解、无法释怀的难题，如同烈日下的热浪，让他感到窒息。

幼发拉底河谷的烈日无情地炙烤着大地，也毫不留情地照在他的身上。汗水如同断了线的珠子，从他的额头滚落，滑过双眉，最终滴落在他那被汗水浸湿的胸膛上，留下一道道湿漉漉的痕迹。这不仅仅是汗水的痕迹，更是他内心焦虑与挣扎的见证。

在班希尔家门外不远处，一道巍峨的石砌高墙环绕着皇宫，如同守护神般矗立。再远处，则是巴比伦城的标志性建筑贝尔神殿，色彩斑斓，高耸入云，彰显着城市的辉煌与神圣。然而，在这片辉煌之下，却隐藏着无数如班希尔家一般简陋甚至破败的居所，它们与那些华丽建筑形成了鲜明对比，揭示出巴比伦社会的两面性，即光鲜亮丽与贫穷困苦并存。富人与穷人在这片土地上交织共生，既无精心规划，也无严格秩序。

就在班希尔沉思之际，周遭的世界依旧喧嚣不已。富人的豪华战车轰鸣而过，引得路人侧目；衣衫褴褛的摊贩与赤脚的乞丐在路边艰难求生；一队队肩扛沉重羊皮袋的奴隶，为了皇宫的空中花园默默奉献着，即便是富人也需侧身让行，以示尊敬。然而，这一切的纷扰与忙碌，都未能惊扰班希尔内心的宁静，他仿佛置身于另一个世界，完全被自己的思绪所占据。

直到一阵悠扬的七弦琴音穿透空气，轻轻拂过他的耳畔，才将他从冥想中唤醒。他缓缓转过头，目光温柔地落在那位面带微笑、性情温婉的音乐师柯比身上。柯比，这位他最为知心的朋友，总是能在最恰当的时刻，用音乐为他带来一丝慰藉与安宁。两人相视一笑，无须多言，彼此的心意已尽在不言中。

"愿众神赐予你无拘无束的自由，我亲爱的朋友。"柯比以一种略带仪式感的礼貌语气开启了对话，他的话语中带着一丝调侃与善意，"显然，众神对你格外慷慨，赐予了你一段无须劳碌的闲暇时光。我为你的这份幸运感到由衷的高兴，甚至仿佛自己也沉浸在了这份悠闲之中。我衷心祈愿你的钱袋永远鼓鼓囊囊，作坊里订单不断。不过，在此之前，若你能慷慨解囊，借给我两个舍客勒（舍客勒为古希伯来的重量单位。一舍客勒银子现值 2.2 美元，一舍客勒金子值 128.45 美元。）以助我解决今晚贵族宴会的开销问题，我将不胜感激。相信我，这点小钱对你不过是毛毛雨，不会给你带来任何不便。"

班希尔闻言，脸上浮现出一抹苦涩与无奈，他叹息道："若是我此刻真能有那两个舍客勒在手，我最亲密的朋友柯比，我恐怕也无法轻易将它们借给你。因为那将是我全部的财产，没有人会愿意将自己所有的希望寄托于他人，即便是最深厚的友情也无法完全抵消这份不安。"

"你说什么？！"柯比的声音中充满了难以置信的惊讶，"你竟然身无分文，却能如此悠闲地坐在墙头，仿佛一切都无关紧要？你为何不去完成那辆战车，用它来换取你急需的财富？还有什么能让你如此心猿意马？这可不是我认识的班希尔，你曾经的活力与决心都去哪里了？是不是有什么难言之隐在困扰着你？难道是命运对你开了什么残酷的玩笑？"

班希尔轻轻点头，眼中闪过一丝迷茫与苦涩："或许，真的是命运在捉弄我。这一切，都源于一个梦，一个我从未敢奢望的梦。在梦中，我变成了一个真正的富翁，腰带上挂着沉甸甸的钱袋，里面装满了闪闪发光的金币。我慷慨地给予乞丐零钱，用白花花的银两为妻子购买华美的衣物，同时满足自己所有的欲望。那种满足感，那种辉煌，简直无法用言语形容。我变得如此自信，仿佛未来的一切都已尽在掌握，无须再为金钱担忧。我的妻子，她的笑容如此灿烂，仿佛回到了我们初婚时，那个美丽动人的新娘模样。"

柯比听后，不禁感慨道："这确实是一个令人向往的美梦，但为何它带给你的却是如此沉重的负担，让你变得如此消沉？"

"我为何会感到如此沮丧？这背后的原因再明显不过。每当我从梦中醒来，面对现实中空空如也的钱袋，那份失落与不甘便如潮水般涌来，让我难以释怀。

"我们是否真的如他人所言，是迷失在繁华都市中的'蠢羊'？巴比伦，这座举世闻名的财富之城，旅人与商人们口中的黄金之地，而我们，却如同生活在这座城市中的隐形人，贫困潦倒。他们说这里的街道上遍地黄金，可我们为何连温饱都解决不了？你，我亲爱的朋友，一生辛劳，到头来却囊中羞涩，甚至要向我，同样一贫如洗的人，借取微薄的铜板以渡难关。这场景，何其讽刺，又何其悲凉。"

"再想想我们的孩子们吧，"班希尔的语气中充满了忧虑，"我们如何能确保他们不会重蹈我们的覆辙？在这个遍地黄金的城市里，他们以及他们的后代，是否也要像我们一样，每日只能以酸涩的山羊奶和稀粥果腹？这种生活，难道就是我们想要留给他们的吗？"

柯比闻言，脸上露出无比困惑的神情："班希尔，这么多年了，我从未听你如此深刻地表达过这样的想法。你的话语，像是一面镜子，映照出了我们生活的真相，也唤醒了我内心深处的忧虑。我们确实需要好好思考，如何为孩子们创造一个更好的未来，如何打破这个看似无法逃脱的死循环。"

有才能为何依然贫困

班希尔长叹一声，继续说道："多年来，我始终抱着一线希望，以为只要我足够努力，总有一天会得到上天的眷顾，赐予我梦寐以求的财富。但现实却像一记重锤，让我清醒地认识到，这样的等待是徒劳的。我渴望拥有土地、牛群、华美的衣服和满袋的钱币，我愿意为此付出一切努力，可为什么，我的辛勤付出总是换不来应有的回报？我们究竟哪里做得不对，为何那些美好的事物总是与我们擦肩而过，而那些已经拥有财富的人却更加富足？"

柯比无奈地摇了摇头："我与你感同身受，班希尔。我也一直在挣扎，试图通过弹奏七弦琴来满足家庭的温饱，同时渴望拥有一把能让我演奏出更加动人旋律的琴。但现实是残酷的，我们的收入总是入不敷出，那些美好的愿望似乎永远遥不可及。"

两人沉默片刻，目光不约而同地落在了那些正在辛勤劳作的奴隶身上。他们赤裸上身，汗水浸湿了脊背，肩上扛着沉重的羊皮袋，正一步一步地向皇宫迈进。这景象让班希尔和柯比更加深刻地感受到自己的无力与渺小。

"你听听那钟声，"班希尔低语道，"它像是在提醒我们，无论我们如何努力，都无法摆脱这种生活的重压。我们就像这些奴隶一样，被无形的枷锁束缚着，无法挣脱。"

柯比沉默片刻，然后缓缓说道："即便如此，我们也不能放弃希望。或许，我们需要换一种方式去思考，去寻找那些被我们忽视的机会。毕竟，巴比伦是一个充满机遇的地方，只要我们愿意去探索、去尝试，总会有希望的。"

"那个走在前面的人，是个了不起的人物。"柯比的目光追随着那位手持摇铃的引领者，心中充满了敬意，"他能够统率这样一支队伍，说明他有着非凡的领导力和组织能力。而那些奴隶们，无论他们来自何方，无论他们曾经有着怎样的身份和技艺，现在却只能为了生存而日夜劳作，这确实让人唏嘘不已。"

班希尔沉重地点了点头，他的眼中闪过一丝同情与无奈："是啊，那些奴隶们的生活状态，简直就是我们生活的一个缩影。虽然我们是自由人，但我们的日子又何尝轻松？我们同样在为生计奔波，为了一点点微薄的收入而耗尽心力。有时候，我甚至觉得，我们与那些奴隶，并没有太大的区别。"

柯比叹了口气，他深知班希尔所言非虚："你说得对，班希尔。我们虽然自称为自由人，但我们的内心和灵魂，却常常被各种束缚所困。那些奴隶们至少还有一个明确的目标，为了生存而劳作，而我们呢？我们又在为什么而奋斗？是为了那一日三餐的温饱，还是为了那遥不可及的梦想？"

两人陷入了沉默，他们都在思考着这个问题。就在这时，一阵悠扬的琴声从远处传来，打破了周围的宁静。那琴声美妙动听，仿佛能够穿透人心，让人忘却一切烦恼。柯比和班希尔对视一眼，都从对方的眼中重新看到对美好生活的渴望和向往。

"听，那是多么美妙的琴声啊！"柯比感叹道，"如果有一天，我也能够拥有这样一把好琴，演奏出如此动人的旋律，那该有多好！"

班希尔微微一笑，他拍了拍柯比的肩膀："会的，柯比。只要我们不放弃希望，不断努力追求，总有一天，我们会实现自己的梦想。无论前路多么艰难，我们都要相信，美好的未来正在等着我们。"

"你说得对，柯比，这样的生活确实让人难以忍受。"班希尔的眼中闪过一丝决绝，"但我们不能继续这样下去，日复一日地重复着毫无意义的劳作，却得不到应有的回报。我们需要改变，需要找到一条通往财富之国的道路。"

向富人取经，学习他的经验

柯比的眼神中闪烁着希望的光芒："我有个想法，或许我们可以向那些已经成功的人学习他们是如何积累财富的。如果我们能掌握他们的秘诀，或许我们也能走上致富之路。"

班希尔点头表示赞同："这是个好主意，我们应该去寻找那些愿意分享经验的人。你说得对，阿卡德就是一个很好的例子。他不仅富有，而且看起来非常友善，没有那些有钱人的傲慢。或许，他愿意帮助我们。"

柯比兴奋地站了起来："那我们就去找他吧！今天我还看到他驾驶着金色的战车经过，那派头真是让人羡慕。我相信，他一定有着独特的理财之道。而且，他对我的态度很友好，这可能是一个很好的开始。"

两人决定立即行动，他们整理了一下衣衫，满怀希望地踏上了前往阿卡德家的路。他们知道，这可能会是一条充满挑战的道路，但他们也相信，只要他们坚持不懈，总有一天会找到属于自己的人生目标。

班希尔的眼中闪烁着对阿卡德财富的好奇与向往，他边走边说："阿卡德，这个名字在巴比伦就是财富的代名词。如果他能分享他的理财之道，那对我们来说将是无价之宝。柯比，你说得对，真正的财富不在于腰间的金银财宝，而在于那源源不断的收入流。我们需要的，正是这样一份能够让我们无论身在何处，都能确保金钱不断涌入的稳定收入。"

柯比点头表示赞同，他补充道："是啊，班希尔。阿卡德之所以能成为巴比伦最富有的人，一定是因为他掌握了某种我们还不了解的理财秘诀。他能够持续不断地积累财富，而不仅仅是依靠一时的运气或机遇。这正是我们需要向他学习的地方。"

班希尔的思绪开始飞扬，他想象着如果能从阿卡德那里学到理财的真谛，他们的生活将会发生怎样的改变。"想象一下，如果我们也能像阿卡德那样，拥有源源不断的收入，那么我们就可以摆脱现在这种日复一日的劳作，去追求我们真正热爱和向往的事物。我们可以为家人提供更好的生活，也可以实现我们那些曾经遥不可及的梦想。"

柯比被班希尔的激情所感染，他坚定地说："那我们就去找阿卡德吧！我相信，只要我们真诚地向他请教，他一定会愿意分享他的经验和智慧。毕竟，他也曾经是一个普通人，是通过自己的努力和智慧才走到今天这一步的。"

当他们终于站在阿卡德的面前时，这位巴比伦的大富翁以一种温和而睿智的目光审视着他们。阿卡德看出了他们眼中的渴望和决心，于是微笑着邀请他们坐下来，准备分享他的理财智慧。

在接下来的日子里，班希尔、柯比成为阿卡德公开讲授理财课的忠实听众。他们如饥似渴地吸收阿卡德传授的每一个知识点，无论是如何储蓄、投资，还是如何管理自己的财务，他们都听得津津有味，并且努力将这些知识应用到自己的生活中去。

每当阿卡德有空闲的时候，他们更是迫不及待地抓住机会，上前向他当面求教。阿卡德总是耐心地解答他们的问题，并且根据每个人的实际情况给出具体的建议和指导。阿卡德告诉他们，要想致富，不仅需要掌握正确的理财知识，还需要有坚定的信念和持续的努力。

随着时间的推移，班希尔、柯比逐渐领悟阿卡德所说的道理。他们开始认真地规划自己的财务收入，努力储蓄和投资，同时也学会了如何控制自己的欲望和冲动，减少不必要的浪费和支出。

这些知识和技巧如同一把钥匙，为他们打开了通往财富的大门。他们开始积极应用所学，调整自己的财务策略，逐渐积累起可观的财富。一年之后，他们的财务状况发生了翻天覆地的变化，逐步从贫困潦倒走向富有和成功。他们的故事激励着更多的人去学习和掌握理财知识，追求财务自由和幸福人生。

理财智慧：向成功者和富翁学习

这条智慧深刻地揭示了财富积累与个人努力、学习态度以及寻求指导之间的紧密联系。以下是对这一忠告的详细解读：

1. 社会现实的客观存在：社会中豪宅与陋室、富人与穷人的并存，是经济规律和社会发展的自然结果，而非人为刻意安排或天生注定。这一认识是理解财富分配不均现象的基础，也是激励个人通过自身努力改变现状的前提。

2. 财富差异的根源探究：面对贫富差距，每个人都应深入思考其背后的原因。为何有人能享受荣华富贵，而有人却终生穷困？这不仅仅是运气或机遇的问题，更与个人的思维方式、行为习惯及理财能力密切相关。

3. 才华与财富的关联：拥有某方面的才华是成功的基石，但才华并不等同于财富。许多有才华的人因缺乏理财知识而陷入贫困，这提醒我们，在追求专业技能的同时，也应重视理财能力的培养。

4. 追求财富的热情与梦想：无论处于何种人生阶段，都不应放弃对财富的追求和梦想。即使在最艰难的时刻，也要保持对美好生活的向往和追求，并勇于迈出学习理财的第一步。

5. 理财知识的重要性：理财是一门需要深入学习和实践的学问，具有很强的实用性和可操作性。只有精通理财之道，才能有效地管理财富，实现财富的保值和增值。

6. 向富翁学习的必要性：为了快速掌握理财致富的精髓，最直接且有效的方法就是向那些已经成功致富的人学习。他们的经验和教训是宝贵的财富，通过面对面的交流或阅读他们的著作，我们可以学习到可靠而有效的理财方法，从而少走弯路，更快地迈向成功。

巴比伦首富的财富传奇

巴比伦首富的忠告

在巴比伦，有一个名字璀璨如夜空中最亮的星，引得全城巴比伦人仰望。每当提及，人们的思绪便不由自主地遨游于那浩瀚无垠的财富之海，并沉浸于那份广博的慷慨与深情之中。这个名字就是阿卡德。他之所以能在巴比伦的富豪榜上独占鳌头，不仅因为他那举世闻名的财富宝库，更因他那广为传颂的慷慨解囊与乐善好施。

他确实财大气粗，对家人的吃穿用度自不必说，所有的开销毫不吝啬。对于外人，他也大方豪气，挥金如土。如果遇到灾害，他更赈灾扶贫，慷慨解囊。即便如此，他的财富增长之势依旧如日中天，远远超过了他的消费速度。

他许多青年时代的挚友曾经感慨："阿卡德，他的财富与我们的困顿形成了鲜明对比，他已成为巴比伦的财富巅峰，而我们仍在为生计奔波。他轻易就能享受锦衣玉食，品味世间珍馐，而我们能做的，仅仅是努力让家人免于饥寒。

"回溯往昔，我们曾并肩站在起跑线上，师出同门，嬉戏于同一片天空下。无论是学业还是游戏，我们之间并无显著差异，他亦曾是那芸芸众生中的一员，平凡无奇。我们自问，在勤勉与忠诚的劳作上，我们的付出并不逊色于他，为何命运的天平却如此倾斜，独独赐予他满溢的幸福与富足，而我们却被遗忘在幸福的门外？"

面对质疑，阿卡德以诚相待，语重心长地回应："若你们勤勉耕耘，却仅得温饱之果，那或许是因为你们尚未揭开财富管理的神秘面纱，未曾掌握并运用那让财富增值的秘诀。

"当然，世间偶有传说，提及那些似乎毫不费力便坐拥金山银山，且能持续增值、享受人生之乐的人。但此等奇迹，我亦仅闻其名，未见其实。相比之下，那些既继承了丰厚遗产又勤勉不辍的人，他们的成功之路，不正是我所倡导并实践的吗？他们证明了，智慧与努力并行，方能驾驭命运之舟，驶向幸福的彼岸。"

财富的力量，改变命运

阿卡德的挚友们纷纷认同，那些既继承了丰厚遗产，又勤勉于事业、精通理财之道的富豪们，其生活轨迹确实验证了阿卡德先前的见解，然而这些成功案例与他们眼前的境遇大相径庭。于是，他们不约而同地向阿卡德发出请求，渴望了解他是如何站在与他们相似的起点上，却走出了一条截然不同的致富之路。

应众人的请求，阿卡德开始讲述自己的故事："在我青春年少之时，我时常自我审视，深入探索什么东西能够赋予人生真正的快乐与满足。随着年龄的增长，我渐渐意识到：财富就是那把钥匙！它能解锁更多通往幸福与满足的大门。

"财富，是力量之源！它赋予我们实现诸多梦想的能力。有了财富，你可以选择雅致的家具，将居所装点得温馨而富有品位；你可以悠然自得地环游世界，亲眼见证大自然的鬼斧神工与各地文化的独特魅力；你可以尽情品尝世间珍馐，满足味蕾的每一个渴望；你更有机会拥有匠人精心雕琢的金银珠宝，它们不仅闪耀光芒，更能触动心灵；甚至，你可以建造宏伟的神殿，留下不朽的印记。

"这一切，不仅能让你的感官沉浸于极致的愉悦中，更能让你的心灵得到深层次的安宁与满足。

"自那一刻起，我深刻领悟，誓要把握住生命中那些璀璨夺目的美好。我不愿仅是岸边观鱼之人，艳羡他人享有的幸福与成就，而自己却空留遗憾。我拒绝安于现状，穿着仅能遮体的衣物，更不愿让自己沉沦于贫困与无助之中。我立誓，要成为这场生命盛宴中，那个备受尊敬、风度翩翩的座上宾。

"我深知，身为普通商人之子，家境并不殷实，亦无丰厚遗产继承。加之我既非天赋异禀，也非智慧超群，这更坚定了我必须通过不懈努力，在理财与致富之路上深耕细作的决心。我意识到，唯有不断学习与实践，方能获得通往梦想之门的钥匙。

"时间，对每个人都是公平的，但使用方式不同，却会形成截然不同的人生轨迹。有人任由它悄然流逝于无所事事之中，而我，则选择将每一分每一秒都倾注于对财富的追求与智慧的提升上。至今，大多数人的生活都只停留在维持温饱的水平上，其中仅有几人因家庭和谐而自得，其余则乏善可陈。

"古往今来，先贤们不断告诫我们，知识之树常青，其根深植于学习与实践的土壤中。一类是书本上的智慧，需我们静心研读；另一类则是生活的历练，需我们在实践中摸爬滚打。两者相辅相成，引导我们探索未知，追寻真理。

"我坚定不移地踏上了积累财富之路，将其视为生活的核心动力，倾尽全力去追求。我深知，生命终将归于沉寂，而在那之前，我们应珍惜每一个阳光明媚的日子，奋力拼搏，尽情享受。这不但是对生活的致敬，也是对自己不负韶华的最好证明。

"日复一日，月复一月，我勤勉工作，未敢有丝毫懈怠，然而收入却如同细沙穿过指尖，难以积聚。日常的开销，如饮食、衣物及必要的祭祀，迅速吞噬了我的微薄所得。即便如此，我心中那份对财富的渴望与追求，依旧如同磐石般坚不可摧。

"一日，命运的转机悄然降临。钱庄巨富阿加米希因急需官府新颁布的第九条法令抄本而到访，他提出若我能在两日内完成，愿以两枚铜钱作为酬劳。面对这突如其来的机会，我毫不犹豫地投入了所有精力与时间，然而法令内容之繁复超乎想象，直至阿加米希前来取件，我仍未能完成。他面露愠色，那一刻，我几乎能感受到空气中弥漫的紧张气氛。但我知道，凭借官府大人的庇护，他不敢对我动粗，这份认知给了我勇气。于是，我巧妙地提出了一个建议，我以不要工钱来换取更多时间完成任务，但希望阿加米希能传授给我'致富之道'。

"阿加米希的怒气瞬间烟消云散，取而代之的是一抹笑意。他赞许道：'你是个有远见卓识的工匠，但交易的前提是你必须先完成这份泥板。待你功成之时，我们再深入探讨那致富的秘密。'

"这次经历，不仅让我感受到了时间的紧迫与技艺的挑战，更让我深刻意识到，无论是技艺的提升还是财富的积累，都需要耐心、智慧与不懈的努力。而阿加米希的回应，更像是一盏明灯，照亮了我前行的道路，让我更加坚定追求财富与成功的决心。

"那一夜，我全身心地投入到刻写泥板的工作中，汗水浸湿了衣服，长时间劳作使我腰酸背痛，油灯的烟雾更让我头昏脑涨，但我没有放弃，心中只有一个念头，尽快完成任务，换取那梦寐以求的致富之道。终于，当第一缕晨光穿透窗棂，我完成了这项艰巨的任务。

"我迫不及待地迎向阿加米希，眼中闪烁着渴望的光芒：'现在，是您履行承诺的时候了，请告诉我致富的秘诀。'

"阿加米希微笑着，眼中闪烁着岁月沉淀的智慧之光：'年轻人，你已经用你的行动证明了自己的决心。现在，我将向你揭示那些我多年来积累的智慧。许多人误以为老年人的智慧已过时无用，但请记住，无论时代如何变迁，太阳依旧东升西落，亘古不变。老年人的智慧正如这太阳，也是历经时间考验，指引方向的明灯。'

"他停顿片刻，目光如炬地盯着我，声音低沉而有力：'我之所以能够积累财富，是因为我学会了储蓄。我始终将收入的一部分储蓄起来，不为眼前的诱惑所动。这就是我找到的致富之路。从今天起，你也应该这样做，坚持下去，你一定会看到不一样的风景。'

"我谦恭地聆听着，阿加米希的每一句话都像是重锤敲打着我的心房，让我对财富的理解更加深刻。我意识到，真正的致富之道并非一蹴而就，而是需要长期的坚持与积累。于是，我郑重地点了点头，将这份宝贵的智慧铭记于心。

"稍作停顿后，他继续说道：'生活中的种种开销，如裁缝师、鞋匠的费用，食物的开销，还有在巴比伦城生活的各项必要支出，这些都是你无法回避的现实。那么，你是否曾认真计算过，在支付完这些费用后，你还能剩下多少？去年的收入，你又留存了多少呢？很多时候，我们都在无意识地为别人买单，却忘记了给自己留一份。这种行为，与奴隶为主人劳作又有何异？你应当意识到，为自己的未来投资，是一件极其重要的事。'

"他进一步指导我：'将你收入的一部分储存起来，这是至关重要的。无论你的收入多么微薄，都要先确保自己的那份得到保障。我建议你至少储蓄收入的十分之一，但如果你能存得更多，那自然更好。至于生活必需品和其他开销，务必量力而行，切勿因一时冲动而超支。记住，真正的财富是积累出来的，而不是消费出来的。'

"阿加米希的眼神深邃而锐利，仿佛能洞察人心，那份沉稳与自信让我心生敬畏。我鼓起勇气，小心翼翼地问：'就……就只有这一点吗？关于致富，还有没有其他更多的秘诀？'

"他嘴角微微上扬，带着一丝神秘的笑容回答：'这些话语，虽简短却蕴含改变命运的力量，足以让一个牧羊人的卑微心态转变为债主般的自信与从容。'

"我被他的话深深触动，开始认真思考自己的财务状况。我自信自己的计算能力，于是迅速回应：'如果我能坚持每月将收入的十分之一储存起来，那么十年后，我积累的财富将相当于我一整年的收入。'这个数字，让我看到了希望。

"阿加米希满意地点了点头，他的眼中闪烁着赞许的光芒：'正是如此，年轻人。财富的积累需要时间的沉淀与持久的毅力。记住，你是在为自己的未来播种，每一份储蓄都是对未来的投资。现在就开始行动吧，让财富之树在你的生命中茁壮成长。'

"阿加米希的话语如同一股清泉，洗涤了我心中的蒙尘，让我对财富的理解又上了一个新的台阶。他接着说：'你还应该知道，你所积攒的每一枚金币，都是你的忠实奴仆，它们会为你带来更多的财富。这些金币生出的利息，就像是它们的子嗣，也能够为你效力，赚取更多的钱。记住，无论是大额还是小额的储蓄，都能成为你通向巨大财富的基石。'

"他语气诚恳，仿佛在与我分享他一生的智慧与经验：'如果你有足够的智慧去领悟并实践这些真理，那么它的回报将远远超出你为我付出的劳动。'

"最后，阿加米希的话语透露出一股神秘而又鼓舞人心的力量：'财富就像一棵大树，它始于一粒微小的种子。你储蓄的第一枚铜板，就是那粒种子。只要给予它足够的时间和营养，它就有可能长成参天大树，为你遮风挡雨，给你提供阴凉与享受。因此，不要犹豫，从现在开始就播下那颗种子吧。用你的存款和不断增值的财富去培育它、浇灌它，直到你在财富的树荫下安享生活的悠闲。'

"说完这番话，阿加米希便拿起泥板，带着满意的笑容，头也不回地离去了。而我，则站在原地，心中充满了前所未有的激动与决心。我知道，从这一刻起，我的人生将翻开新的篇章，并向着更加美好的未来迈进。"

速成致富的深邃思考

阿卡德说完上面的话，扫视了一眼他的听众，见大家正在全神贯注地听，便继续说道："阿加米希的话，如同灯塔一般照亮了我前行的道路。我开始实践他的建议，每次收入到手，都坚持将十分之一储存起来。起初，我确实有些不适应，担心这样的做法会让生活变得拮据。但随着时间的推移，我惊讶地发现，生活并未因此有太大的改变。那些原本以为必不可少的开销，其实大多只是欲望的驱使。我学会了区分需要与想要，这份自我约束让我更加珍惜手中的每一分钱。

"然而，诱惑总是无处不在。随着储蓄的增加，我开始感受到来自外界的各种诱惑，那些精美的商品、诱人的投资机会，都像是在考验我的决心。但每当这个时候，我都会想起阿加米希的教诲，提醒自己保持冷静和理智。我逐渐学会了拒绝那些不必要的诱惑，坚守自己的财务规划。

"一年之后，当阿加米希再次出现在我面前，询问我是否按照他的建议行事时，我十分自豪地给出了肯定的回答。他满意地点点头，随后又问起我这些储蓄的用途。我告诉他，我将它们交给了制砖匠阿兹慕，一个经验丰富的旅行者和商人。他计划前往提尔港，那里是腓尼基珠宝的集散地，我请他为我购回一些稀世珍宝，我们共同投资，待他归来后高价出售，我们共享利润。"

阿卡德的眼中闪烁着对未来的憧憬与期待，他知道，这不仅仅是一次简单的投资，更是他迈向财富自由的重要一步。他深信，只要坚持储蓄与明智投资，总有一天，他能够摆脱贫困的束缚，实现自己的梦想。

令他没想到的是，阿加米希的愤怒如同雷鸣般炸响，他咆哮的话语像一把锋利的刀，剖开了阿卡德心中的侥幸与无知："你这个笨蛋！怎么能轻易相信一个制砖匠对珠宝的了解呢？这就像向面包师傅请教天文知识一样荒谬！如果你真的想投资珠宝，就应该去找专业的珠宝商咨询，而不是盲目听从外行人的建议！"

阿加米希的责备如同冷水浇头，让阿卡德瞬间清醒。他意识到自己的轻率和无知，以及因此可能付出的沉重代价。果然，提尔港那些腓尼基人的欺骗，不仅让他损失了积蓄，更让他深刻体会到了"隔行如隔山"的道理。

阿加米希的训斥虽然严厉，却成了阿卡德成长道路上的一盏明灯。他深知，只有经历过失败和挫折，才能更加珍惜成功的来之不易。而他也相信，只要坚持不懈地努力下去，总有一天会实现自己的财富梦想。

他明白，只有不断学习和积累，才能避免重蹈覆辙。于是，他继续坚持将收入的十分之一储存起来，这个习惯已经深入骨髓，成为他生活中不可或缺的一部分。

在接下来的日子里，阿卡德变得谨慎和理智。他学会了在投资前做足功课，虚心向专业人士请教，避免再次被欺骗。同时，他也开始关注其他领域的投资机会，努力拓宽自己的视野和知识面。

又一年过去了。阿加米希再次出现在阿卡德面前，当他微笑着询问这一年的情况时，阿卡德回答说："前辈，自从上次与您见面后，我始终如一地坚持储蓄，并且学会了明智地管理我的资金。我委托盾匠阿格尔进行铜材生意的投资，他每四个月给我带来的利息，让我看到了财富增长的希望。我也意识到自己在利息的使用上有些过于随意，没有像储蓄本金那样谨慎。"

阿卡德顿了顿，继续说道："您的教诲让我深刻反思，我开始调整自己的消费习惯，尽量将利息也用于能够产生更多收益的投资上，而不是简单地消费掉。同时，我也在不断学习各种投资知识，希望能够更加精准地把握市场机会。”

阿加米希听后，眼中闪过一丝赞许：“阿卡德，你的成长让我感到欣慰。记住，真正的财富不仅仅在于你拥有多少钱，更在于你如何运用这些钱去创造更多的价值。你的储蓄和投资，就像是你种下的一棵树，只有不断地浇水施肥，它才能茁壮成长，为你遮风挡雨，提供果实。”说完这些话，阿加米希欣然离去。

此后几年，阿加米希一直没有来找阿卡德，阿卡德也在忙着自己的投资，无暇他顾。直到有一天，阿加米希突然出现在阿卡德面前，没等阿卡德说话，他就带着几分戏谑的语气问道：“我的朋友，你现在是否已经变成了你梦想中的富翁了呢？”

阿卡德发现，几年不见，阿加米希明显老了。他有些惊喜地说：“你终于来找我了，好久不见！”

阿卡德随后又谦逊地摇了摇头：“前辈，我离成为真正的富翁还有很长的路要走。但我相信，只要我坚持储蓄和投资，不断学习和进步，总有一天我会实现自己的财富梦想。而且，我也学会了享受这个过程，让每一天都充满希望和动力。”

阿加米希满意地点了点头，他的眼神中透露出对阿卡德的无限期许。他知道，这个年轻人已经具备了成为富翁的所有潜质和品质，只需要时间的积累和磨砺，他必将绽放出耀眼的光芒。

阿卡德的话语中充满了自信与感激：“我已经在正确的道路上稳步前行。我学会了如何量入为出，确保每一分钱都花在刀刃上；我也学会了向那些经验丰富、有真才实学的人寻求建议，避免重蹈覆辙；更重要的是，我掌握了让金钱为我工作的秘诀，通过投资和增值，让财富不断滚动增长。”

阿加米希的满意之情溢于言表，他说道：“阿卡德，你的成长和进步让我深感欣慰。你不仅掌握了理财的精髓，更具备了担当重任的能力。我已经年迈，而我的儿子们却缺乏管理产业的热情和智慧。我的产业尼普公司庞大而复杂，需要一位有远见、有能力的人来管理。我请求你接受这个挑战，成为我的合作伙伴。"

阿卡德毫不犹豫地接受了阿加米希的邀请，前往尼普帮助阿加米希管理产业。他凭借自己的雄心壮志、勤奋努力以及对成功理财基本法则的深刻理解，不仅成功地帮助阿加米希的产业实现了更大的发展，也让自己变得更加富有。

在阿加米希去世后，阿卡德按照法律程序继承了他的一部分财产。这些财富是对他辛勤付出的回报，更是对他理财智慧和能力的认可。阿卡德深知，这一切的成就都离不开阿加米希的悉心教导和无私帮助。他心怀感激，继续在自己的道路上稳步前行，用自己的财富和智慧去帮助更多的人实现他们的梦想。

渴望，开启幸运之门

阿卡德的故事讲完之后，他的一个朋友无比羡慕地说："你真幸运，成为大富豪的接班人。"

阿卡德微笑着摇了摇头，回应说："幸运，或许是我人生旅途中的一部分，但绝不是全部。更重要的是，我始终坚守着内心的渴望，并且为之付出了不懈的努力。在遇到阿加米希之后，我就开始了我的储蓄之旅，那份决心和毅力，才是我能够走到今天的关键。"

他停顿了一下，目光中闪烁着坚定："就像研究鱼类习性的渔夫一样，他之所以能够无论风云如何变幻都能捕捉到鱼，是因为他多年来的经验和不懈努力。同样地，我在财富之路上的成功，是我付出大量时间和心血换来的。我坚信，只有真正有准备的人，才能把握住机会并受到运气的青睐。"

阿卡德的一位朋友夸奖他有超强的意志力，称赞他在经历第一次投资失败后没有气馁，再接再厉，获得了成功。

对于这位朋友的感慨，阿卡德表示了感谢："你的夸奖让我深感荣幸。确实，那次失败对我来说是一个沉重的打击，但我并没有因此放弃。相反，它让我更加坚定了自己的信念，也让我学会了更加谨慎和理智地面对投资。我相信，正是这份坚强不屈的意志力，让我在逆境中能够坚持前行。"

阿卡德的话语中充满了对过去的反思和对未来的展望。他深知，自己的成功并非偶然，而是多年努力和坚持的结果。他鼓励朋友们也要像他一样，坚守内心的渴望，付出不懈的努力，相信总有一天，幸运之神也会来叩响他们的家门。

接着，又有几个朋友提出了不同的问题。阿卡德耐心地一一回应道："你们提到的确实是比较深刻的问题，让我再进一步阐述我的观点。前面提到意志力，其实它不能单独赋予我们超越物理限制的力量，比如扛起巨石或拉动战车。但意志力是我们在追求目标过程中不可或缺的精神支柱，它强化了我们完成任务的决心，让我们在面对困难和挑战时能够坚持不懈。

"然而，正如你所说，仅仅有意志力是不够的。在追求财富的过程中，我们还需要有明确的目标、合理的计划以及持续的学习和实践能力，这包括了解市场、分析风险、选择适合自己的投资方式等。同时，我们也需要保持理智和谨慎，避免盲目行动或贪得无厌。

"至于你提到的财富分配问题，我认为这是一个复杂的社会现象，不仅仅取决于个人的努力和意志力。社会制度、经济环境、资源分配等多种因素都会影响财富的分配。但无论如何，每个人都可以通过自己的努力和智慧去创造更多的价值，从而为自己和社会带来更多的财富。

"因此，我鼓励每个人都要有追求财富的梦想和决心，但同时也要脚踏实地，不断学习和实践。只有这样，我们才能在追求财富的过程中不断成长和进步，最终实现自己的梦想。"

阿卡德的回答赢得了朋友们的赞同和敬佩。他们纷纷表示，阿卡德的故事和观点给了他们很大的启发和鼓舞，让他们更加坚定了追求财富和梦想的决心。

致富三大法则，引领成功之路

正当大家依依不舍准备离开之时，又有一个朋友说道："听了你的致富故事，我们深有感触，现在我们即将回去开始我们的创富历程，你对我们有什么忠告呢？"

阿卡德微笑着看向那位朋友，他深知每个人在追求财富的路上都有自己的困惑和挑战。于是，他缓缓地说道："亲爱的朋友，我对你们很有信心，就像当年阿加米希对我有信心一样。对于你们今后的创富之路，我给大家如下忠告：

"首先，永远不要放弃对财富的追求。无论你们现在处于什么阶段，只要心中有梦，脚下就有路。年龄不是障碍，积蓄也不是决定因素。重要的是，你们要有决心和勇气去迈出第一步。

"其次，要学会节俭和储蓄。节俭是积累财富的基础，而储蓄则是让财富增长的关键。即使你们现在收入不高，也要尽量节省开支，把一部分钱存起来。这样，随着时间的推移，你们的积蓄会逐渐增加，并为未来的投资和创业打下基础。

"再者，要勇于尝试和学习。不要害怕失败和挫折，因为每一次尝试都是一次学习和成长的机会。同时，要不断学习新的知识和技能，提高自己的竞争力和适应能力。这样，你们才能在不断变化的市场中抓住机遇，实现财富的增值。

"还有，要保持积极的心态和坚定的信念。财富之路并非一帆风顺，但只要我们保持积极的心态和坚定的信念，就一定可以迎接挑战，能够克服困难。记住，成功往往属于那些坚持不懈、勇于追求的人。"

阿卡德在结束这次谈话前说："最后，我给你们总结了致富三大法则：一是学习阿加米希的智慧，将储蓄作为生活的一部分；二是投资时向行家请教，不要轻信那些没有经验或不可靠的人；三是让钱生钱，实现财富的保值和增值。"

阿卡德的故事与理财课结束了，但他对朋友的帮助没有停止。后来阿卡德不仅继续向他们分享自己的理财智慧，还积极协助朋友们进行安全且获利高的投资。他的无私和慷慨让他赢得了朋友们的尊敬和感激，也为朋友们带去了实际的帮助和改变。

理财智慧：播下致富的种子

这条智慧深刻地阐述了理财与财富积累的重要性，以及如何通过实际行动来实现财务自由。以下是对这一忠告的详细解读：

1.辛勤工作未致富的反思：仅仅依靠辛勤工作并不足以保证我们过上富裕的生活。只有掌握了理财之道，并将其付诸实践，才能脱离贫穷，实现财富自由。

2.金钱的力量：虽然金钱不是万能的，但没有金钱是万万不行的。拥有财富可以让我们拥有更多的选择权，享受更多的快乐和满足。因此，追求财富并享受其带来的美好是明智之举。

3.行动与实践：我们需要投入足够的时间和精力去思考和实践致富之道，不断学习和提升自己的理财能力。只有这样，我们才能成为人生盛宴上的尊贵嘉宾。

4.财富的种子：将财富比作一棵大树，我们的第一次储蓄就是这棵大树的种子。只有播下这颗种子，并不断地用存款和增值来培育它，才能看到财富之树茁壮成长，最终我们才能在树荫下享受凉爽和果实。

5.准备与机遇：我们需要有致富的渴望、明确的目标、坚定的意志力和不懈的勤奋。只有这样，当运气和财富之神降临时，我们才能把握住机会，实现自己的财富梦想。

6.致富的三项基本法则：一是将全部收入的至少十分之一储蓄起来；二是向行家或有智慧的人咨询经商之事并征询投资忠告；三是让储蓄的财富充当忠实的奴仆，持续为你效力。

摆脱贫穷的七大秘籍

巴比伦王征询富策

巴比伦被誉为"财富之巅的城邦"，其累积的财富之巨大，远超世人的想象。历经岁月的洗礼与变迁，巴比伦的辉煌与繁荣非但未曾褪色，反而历久弥新。然而，这座辉煌之城的富足并非与生俱来。它之所以能够如此昌盛，完全是其民众普遍掌握了理财奥秘，执着地追逐财富梦想所致。

当年，巴比伦的杰出君主萨贡王在战胜埃兰强敌荣耀归乡之际，却意外遭遇了国内的经济大萧条。那时，朝中重臣向萨贡王禀告说："陛下所倡建的宏伟灌溉系统与神圣庙宇，虽曾引领国家步入多年经济盛世，但如今工程虽然建成，民众生计却陷入困境。全国大部分工匠失业，商铺门可罗雀，农户作物歉收，民众更是囊中羞涩，一日三餐都难以为继。"

萨贡王听后，不禁追问："那么，我们为这些宏伟工程所投入的巨额金子，最终都流向了何方？"

大臣恭敬地回答道："陛下，这些金子仿佛涓涓细流，最终汇聚到了巴比伦城中极少数富有之人的手中。它们从百姓的指缝间悄然滑落，迅速流入富人的钱袋，就如同山羊奶自然流向熟练的挤奶人之手。因此，民间流通的金子日益稀少，多数百姓囊中羞涩，积蓄无几。"

萨贡王闻言，眉头紧锁，继续追问："那么，为何少数富翁能够独揽所有财富呢？"

大臣解释道："陛下，这是因为他们精通积累财富之道。世人通常不会指责这些凭借智慧与努力获得财富的富人，秉持公平与正义的官员，也不会强行剥夺别人通过正当手段积累的金子。"

萨贡王面露不解之色："但为何会如此？难道我国的普通百姓都不懂得积累财富使自己变富吗？"

大臣坦诚相告："陛下，大部分百姓确实不懂，也没有人来传授他们这些知识。我们的祭司都不擅长此道，他们对赚钱之道知之甚少。"

萨贡王若有所思地问道："那么，在巴比伦城中，谁最擅长理财与致富之道呢？"

大臣恭敬地回答："陛下，您的问题其实已有答案。在巴比伦，谁拥有最多的金子，谁便是那最懂理财与致富之道的人。"

萨贡王省悟道："巴比伦的财富巅峰，非阿卡德莫属。迅速召其觐见。"次日，阿卡德遵旨而至。他虽然年近古稀，却精神矍铄，步履矫健。人们看到他面带笑容地走到萨贡王面前。

萨贡王问："阿卡德，你果真是巴比伦首富吗？"

阿卡德谦恭地答道："众人都这么说。"

"那么，你是如何累积起这么多财富的呢？"

阿卡德道："陛下，秘诀在于把握机遇！这个机遇，巴比伦城中每个百姓都有机会抓住。"

萨贡王复问："你的致富之路，莫非始于不平凡的机遇？"

阿卡德摇头："我只是有一颗强烈且坚定不移的求富之心，此外别无所依。"

萨贡王叹道："巴比伦现状堪忧，少数人独揽财富，而广大民众则对理财之道知之甚少，难以守财增值，所挣之金糊口都难。"

萨贡王又说道："我想使巴比伦成为世间最富有的国家，想使巴比伦城内有更多的富翁。阿卡德，你能够把你的理财之道，传给普通大众吗？"

"陛下，这是一个极具实际意义且切实可行的方法。"阿卡德恭敬地回答，"我愿意将自己赚钱的秘诀和方法传授给所有人。"

萨贡王闻言，眼中闪烁着光芒，他说道："阿卡德，你的回答正合我意。你可愿担此重任，先将你的理财致富知识无私地传授给一群教师，再由他们继续传播，直至全国民众都能掌握理财致富之道？"

阿卡德深深鞠躬，表示愿意："为了我国民众的福祉以及陛下的荣耀，我愿意倾尽所有，将我所学无私传授。恳请陛下安排百人班级，我将传授七大消除贫穷、实现富有的秘诀，让巴比伦的贫困现象消失。"

两周之后，按照国王的旨意，精心挑选的 100 名学员齐聚讲学殿，他们围坐在半圆形的课堂内，满怀期待。阿卡德则端坐在小桌旁，桌上的一盏小圣灯散发着柔和而温馨的光芒，飘散出阵阵令人心旷神怡的香气。

当这位传奇人物缓缓站起时，一名学员轻声对身旁的同伴说："看啊！那就是全巴比伦最富有的人。他看起来和我们并无二致，却能积累如此庞大的财富。"

阿卡德缓缓展开他的讲道，声音中充满了对国王恩典的感激："承蒙尊贵国王的厚爱，赋予我如此重任，我深感荣幸。为了回报国王的信任，我今日站在这里，愿将我所知的致富之道，毫无保留地传授给你们。

"我也曾是一名怀揣梦想却身无分文的青年，对财富的渴望如同干涸之地对雨露的期盼。然而，正是这份渴望，引领我找到了通往富裕的道路。我与在座的每一位巴比伦公民一样，没有显赫的家世，也没有丰富的资源，一切都是从零开始。

"我的第一个财富象征，不过是一个破旧不堪的钱囊。我厌恶它的空瘪，渴望它能被金子填满，发出悦耳的碰撞声。于是，我踏上了寻找财富的征途，历经艰辛，终于发现了七个能够根除贫穷、引领我们走向富有的秘诀。

"在接下来的七天里，我将逐一为你们揭示这七大秘诀，它们是我对所有渴望摆脱贫困、追求财富之人的真诚建议。每一天，我都会深入剖析一个秘诀，希望你们能用心聆听，积极思考，甚至与我辩论，与同学探讨。

"我坚信，只要你们能深刻理解并掌握这些知识，它们就会像种子一样，在你们的钱袋里生根发芽，茁壮成长。从这一刻起，让我们共同努力，建立自己的财富之基，逐渐成为理财高手和致富能手。未来，你们不仅能改变自己的命运，更能将这些宝贵的经验和智慧传递给更多渴望致富的人。

"今天，我要向你们传授一个至关重要的方法，它能帮助你们解决钱包干瘪的问题，这是踏上财富之旅的第一步。记住，只有稳固地迈出这一步，你们才能顺利攀登至财富的巅峰。现在，让我们一同来探讨这第一条秘诀。

收入倍增计划

首先，阿卡德的目光落在了第二排一位似乎正陷入沉思的先生身上，他温和地问道："我的朋友，能否告诉我你的职业是什么？"

那位先生回过神来，回答道："我是一名抄写员，主要工作是刻写泥板。"

阿卡德微笑着说："非常巧合，我最初也是以刻写泥板为生。从事的是同样的体力劳动，我能够挣得我的第一枚铜币。因此，你们每个人都有机会积累财富。"

接着，阿卡德的目光转向了后排一位面色红润的先生，他继续问道："那么，你又是以什么维持家庭生活的呢？"

这位先生自豪地说："我是一名屠夫。我从牧羊人那里购买山羊，宰杀后把羊肉卖给家庭主妇，而羊皮则卖给制作凉鞋的鞋匠。这样，我不仅通过付出劳动赚取金钱，而且这项工作为我提供了更多的成功机会。"

阿卡德点头赞许道："看，你不仅依靠劳动，还巧妙地利用了市场的供需关系来获取利润。这正是你比单纯依靠劳力工作的人更具优势的地方。记住，无论你们的职业是什么，都有机会通过增加收入来迈出财富积累的第一步。"

阿卡德细心地询问了每位学员的职业背景后，他总结道："同学们，从刚才的交流中，我们可以清晰地看到，无论是哪种生意或劳动，都能成为赚取金钱的途径。实质上，每一种赚钱的方式都是劳动者将智慧和劳动力转化为金币，流入自己口袋的通道。因此，你们口袋里金币的多少，完全取决于你们自身的能力和努力，对吧？"学员们纷纷点头，对阿卡德的说法表示赞同。

阿卡德话锋一转，继续说道："如果你们渴望积累更多的财富，那么，从合理运用你们已经拥有的那部分财富开始，无疑是一个明智而可行的策略，不是吗？"学员们再次点头，表示赞同这一观点。

随后，阿卡德转过身，特意询问了一位自称以贩卖鸡蛋为生的商人："假设你有一个篮子，每天早上都往篮子里放 10 个鸡蛋，而到了晚上，你再从篮子里取出 9 个鸡蛋，长此以往，最终会发生什么呢？"

商人毫不犹豫地回答："总有一天，篮子会被鸡蛋装满。"

阿卡德追问道："这是为什么呢？"

商人解释道："因为每天放进去的鸡蛋总是比拿出来的多一个，所以随着时间的推移，篮子里的鸡蛋自然会越来越多。"

阿卡德笑着转身，面向全班学员，问道："在座的各位，有谁的钱包现在还是空空如也的吗？记住，就像那个装满鸡蛋的篮子一样，只要你们每天都让收入多于支出，你们的钱包就会逐渐变得饱满起来。"

学员们被阿卡德的讲述逗得一阵欢笑，有的甚至俏皮地摇晃着自己空瘪的钱包。待这阵轻松的氛围渐渐消散，阿卡德的声音再次响起，变得严肃而坚定。

"现在，我要正式揭示根除贫穷的第一个秘诀，它就像我刚才对那位鸡蛋商贩所建议的那样：每当你们往钱包里放入 10 个钱币时，只允许自己花掉其中的 9 个。坚持这个原则，你们的钱包将会逐渐饱满起来。那种手握沉甸甸钱包的感觉以及由此带来的心灵满足，是无法用言语完全表达的。"

阿卡德环视四周，见学员们都认真地听着，便继续说道："不要因为这个原则听起来简单就轻视它，这正是我致富之路的第一步。我也曾经历过钱包空空如也的无奈，深知那种无力满足心中欲望的痛苦。但自从我开始遵循这个原则，就是每收入 10 个钱币，只花费 9 个后，我的钱包就开始慢慢鼓胀起来。我相信，你们也能做到。"

他停顿了一下，让学员们有时间消化这些信息，然后继续说道："有趣的是，我发现当我遵循这个原则后，我的生活品质并没有下降，反而更容易积累财富了。这就像是众神赐予的恩赐，那些懂得将收入的一部分存起来的人，财富之门会为他们敞开得更宽。相反，那些总是让钱包空空如也的人，财富很可能永远与他们擦肩而过。"

阿卡德的话语充满了激励和期待："你们是否渴望拥有璀璨的珠宝、华丽的服饰、美味的食物以及无忧无虑的生活？是否梦想着拥有充裕的财产、闪亮的黄金、广袤的土地、成群的牛羊和丰厚的投资回报？那么，就请牢记摆脱贫穷的第一大秘诀：每赚进 10 个钱币，最多只能用掉 9 个。用你取出的铜板去享受生活，而存下的铜板则会为你创造更多的财富。"

最后，他鼓励学员们进行讨论："现在，你们可以相互探讨这个原则的意义和可行性。如果有人认为这个原则不切实际或有所偏颇，请在明天的课堂上提出来，我们一起探讨。"

精打细算，节约开支

第二天，阿卡德的课程继续深入，他针对学员们的疑问给出了明确的解答。

"有学员问我，当一个人的收入连基本的生活开销都无法保证时，他如何还能储蓄下收入的十分之一呢？这是一个很好的问题。"阿卡德环视了一圈教室，继续说道，"昨天，我注意到几乎每位学员的钱包都是空的。请注意，尽管大家的收入各不相同，有些人赚得多，但他们可能需要供养的家人也多，所以结果都是相同的，即钱包都是空空如也。这背后隐藏着一个关于个人理财的重要真理。"

阿卡德停顿了一下，让学员们思考，然后继续说道："这个真理就是，我们所说的'必要开销'，其实是可以根据我们的收入来调整的。很多时候，我们之所以觉得入不敷出，是因为我们把'必要开销'和'欲望'混为一谈了。记住，你和你家人的欲望是无止境的，它们永远不可能被你的薪水完全满足。如果你试图用收入来满足这些欲望，那么无论你赚多少钱，最终都会花光，而且很可能还会感到不满足。"

阿卡德的话引起了学员们的深思，他接着说道："每个人都背负着远超自己满足能力的欲望。就连我这样的有钱人，也无法完全满足自己的所有欲望。因为人的时间、精力、能力都是有限的，我们能去的地方、能吃的东西、能享受的乐趣也都是有限的。就像农夫如果不小心在田地里留下空隙，野草就会迅速生长一样，如果你给自己的欲望留下余地，它们也会无限制地膨胀。"

"因此，"阿卡德总结道，"我们必须学会区分'必要开销'和'欲望'，并根据自己的收入来合理安排支出。只有这样，我们才能确保在满足基本生活需求的同时，还能有余力进行储蓄和投资。记住，满足欲望是永无止境的，但积累财富却是可以实现的。关键在于我们如何做出选择。"

就在这个时候，有一位学员缓缓地从座位上站起身来。这位学员身上穿着一件金红相间的袍子，那袍子的颜色鲜艳而夺目。只见他一脸认真地开口问道："我是一个不需要依靠工作来维持生计的人。在我心中，始终坚信自己完全有权利去尽情享受人生之中数不清的美好事物。所以啊，我可不愿意成为预算的奴隶，不想让预算这种东西来决定我应该花费多少钱，更不想让它来规定我要把钱花在哪些地方。我觉得，如果去做那种所谓的愚蠢预算的话，这会硬生生地剥夺我太多的人生乐趣，会让我就像一只背着沉重负担的蠢驴一样，被束缚得死死的，毫无自由可言。"

针对这个问题，阿卡德表现得十分平静，他只是反问道："我的朋友，那我想问问你，你的预算到底是由谁来做主导的呢？"

"那肯定是由我自己来决定的呀。"这位持有不同意见的学员毫不犹豫地回答道。

阿卡德微笑着点了点头，对这位学员的回答表示理解，但接着他深入阐述了自己的观点。

"亲爱的学员，我完全理解你对自由享受生活的渴望，以及对预算可能会带来束缚感的担忧。然而，我想强调的是，预算并非对你生活的限制，而是一种帮助你更好地掌控财务、实现自由的方式。"

阿卡德停顿了一下，让学员们有时间消化他的话，然后继续说道："你提到预算可能剥夺你的人生乐趣，让你感觉像被重担压身的蠢驴。但请允许我反问一句，难道放任欲望无度扩张，最终陷入财务困境，才是真正的自由吗？真正的自由，是建立在对自我有清晰认知、对财务有合理规划的基础之上。

"你完全有权力决定自己的预算，这是你的自由。但请记得，这个决定应该是基于理性思考，而不是盲目冲动的。你可以将自己渴望享受的事物列出来，然后仔细评估哪些是必要的，哪些是可以通过节制或删除来节省开支的。通过这样的过程，你不仅能够保留住那些真正带给你快乐的事物，还能避免因为过度消费而陷入困境。"

阿卡德的目光温和而坚定，他继续说道："记住，预算不是束缚，而是工具。它能帮助你更好地管理财务，确保你的每一分钱都花在刀刃上，让你的支出更加有价值。当你看到钱包逐渐鼓胀起来，那种由内而外的满足感和成就感，将会是你最宝贵的财富之一。"

最后，阿卡德总结道："所以，我的朋友，请不要害怕预算。相反，你应该拥抱它，让它成为你实现财务自由、享受美好生活的得力助手。"

阿卡德的话语充满了智慧与实用性，他进一步解释了预算的重要性及其在个人财务管理中的核心地位。

"正如我刚才所比喻的蠢驴，它在预算时不会考虑那些不切实际的重负，如珠宝、地毯和金条，而是专注于它真正需要且能够负担得起的东西，如稻草、谷物和水。同样地，我们在做预算时也应该如此，将重点放在那些真正必要且能够提升我们生活质量的开销上。"

阿卡德强调了预算的两大核心目的："首先，预算是为了让你的钱包更加鼓胀。通过合理的规划和控制，我们可以避免不必要的浪费，将更多的资金用于储蓄和投资，从而实现财富的积累。其次，预算帮助我们明确并满足最必要的欲望，防止这些珍贵的欲望被琐碎且无关紧要的愿望所淹没。就像黑暗中的明灯，预算能够照亮我们财务上的盲点，让我们及时发现并修正那些可能导致金钱流失的漏洞。"

他进一步阐述了预算对根治贫穷的关键作用："这就是我要告诉你们的根治贫穷的第二大秘诀，就是对你的开销进行预算。通过预算，你们可以在不超出收入十分之九的前提下，确保有足够的资金来支付必要的开销和享受，同时还能满足其他值得满足的欲望。这样一来，你们不仅能够保持生活的品质，还能逐步实现财务的自由和独立。"

投资理财的钱生钱秘术

阿卡德的话语激励着每一位学员，让他们意识到预算不仅是一种理财工具，更是一种生活态度和智慧。通过合理的预算和明智的消费决策，他们有望摆脱贫穷的束缚，迈向更加充实和美好的未来。

阿卡德的话激起了学生们浓厚的兴趣，他们纷纷挺直身子，全神贯注地听着。

"正如我所说，积累财富只是第一步，真正让财富为我们效力的关键在于如何让它增值。"阿卡德的声音充满了力量，"我们不仅要做守财奴，守着那一堆金子过日子，还要让它像活水一样，源源不断地为我们带来更多的财富。"

他顿了顿，继续说道："其实，我也有过投资失败的经历，那一次失败虽然令我痛苦，但也让我学到了宝贵的教训。我意识到，投资并非盲目地扔钱出去，而是需要仔细研究、谨慎判断。后来，当我遇到阿加尔那位可靠的盾匠时，我看到了一个真正能够让我财富增值的机会。"

阿卡德讲述着与阿加尔合作的故事，学生们听得入了迷。他们开始意识到，投资不仅仅是金钱的交换，更是对信任、判断力和耐心的考验。

"记住，投资的关键在于找到那些能够持续产生回报的项目或人。"阿卡德强调道，"就像阿加尔那样，他有着稳定的铜买卖业务，能够按时还款并支付利息。这样的投资，才是我们应该追求的。"

他进一步阐述道："当你们的钱开始为你们工作，赚取更多的利息和回报时，你们就会发现，自己的财富在不知不觉中迅速增长。这种增长，不仅仅是数量上的增加，更是质量上的提升。因为你们已经掌握了让财富增值的诀窍，你们的钱已经不再是静止不动的铜板，而变成了源源不断的财富。"

阿卡德的话语激励着每一位学生，他们开始憧憬起自己未来财富自由的生活。他们知道，要实现这个梦想，就必须像阿卡德一样，学会积累财富、控制开支，并找到那些能够让财富增值的投资机会。只有这样，他们才能真正地让自己的钱"生"出钱来，实现财富的持续增长和积累。

阿卡德继续分享他的故事，他的成功不仅在于积累财富，更在于明智地运用这些财富进行投资，让钱生钱。他的故事激励着学生们，让他们看到了通过合理投资实现财富迅速增长的可能性。

"正如你们所见，我通过借给阿加尔钱，开始了我的投资之路，并因此获得了宝贵的经验。随着我的资金不断增加，我扩大了投资范围，将钱借给更多的人，这让我的金子像河水一样源源不断地流入我的口袋。"阿卡德的话语中充满了自豪和成就感。

他进一步解释说："我储存的这些黄金，就像是我的奴隶一样，它们勤勤恳恳地为我工作，不仅为我赚进了丰厚的利润，还产生了更多的子子孙孙，共同为我创造财富。这就是复利的魔力，它让我的财富在短时间内实现了快速增长。"

阿卡德还举了一个农夫的例子来进一步说明复利的威力。农夫在他的儿子出生时，将10块银钱交给钱庄老板进行投资，并约定使用复利的计算方式。当他的儿子长到 20 岁时，这笔钱已经由最初的 10 块银钱增长到了 31 块银钱。

农夫对于那笔原本为儿子预留的财富的增长感到极度欣喜。鉴于儿子暂不需要，他决定让这笔钱继续在钱庄中增值。岁月流转，当儿子 45 岁那年，农夫即将离世，他向钱庄老板要求取出这些钱，结果总额竟高达 167 块银钱，相较于最初的 10 块，增值了近 17 倍之多！

"你们可以看到，即使是最不起眼的收入，只要通过合理的投资和复利的作用，也能在长时间内积累成可观的财富。"阿卡德总结道，"所以，我鼓励你们不仅要学会积累财富，更要学会如何明智地运用这些财富进行投资。只有这样，你们才能真正实现财务自由，过上自己想要的生活。"

阿卡德的话语让学生们深受启发，他们开始意识到投资对于财富增长的重要性，并纷纷表示要努力学习投资知识，为自己的未来打下坚实的基础。

"这便是彻底摆脱贫困的第三大秘诀：确保让每一枚钱币都能成为你财富增长的引擎，让它们在你的财务领域中生生不息，犹如草原上繁茂的羊群，不断繁衍壮大。这样一来，你不仅能够享受到可观的收益，更能感受到财富如同细水长流，源源不断地注入你的生活当中。"

守护财富避免流失的妙方

课程进行的第四天，阿卡德向学员们传授了关于财富保护的智慧："人生之路多坎坷，世事无常，风险与机遇并存。若我们不对自己的财富严加看管，它便可能悄无声息地从指缝间溜走。因此，我们应当将每一份小额的财富都视为珍宝，细心积累，并时刻保持警惕，守护它直至更大的财富降临。在这个过程中，我们往往会面临各种投资诱惑，亲朋好友也可能力劝我们加入看似利润丰厚的项目。然而，在做出借贷决定之前，我们必须深入了解对方的还款能力与信誉，以免我们辛勤积累的财富最终成为他人囊中之物，而自己却遗憾终身。

"因此，在你决定借钱给他人用于任何投资之前，务必对该投资项目的风险进行深入而全面的剖析。前面我曾经提到我初次投资失败的经历，那次失败对我而言，无疑是一次沉痛的教训。当时，我历经艰辛，用整整一年时间积累并守护的积蓄，却因轻信而全部交付给了一位名叫阿兹慕的制砖匠。他远赴提尔城，梦想着购进珍稀的腓尼基珠宝，待归国后转手获利，我们共享其成。然而，那些腓尼基商人却以狡诈著称，他们卖给阿兹慕的，不过是看似珠宝实则廉价的玻璃。这一场骗局让我血本无归，至今想起仍心有余悸。这段经历教会了我，仅凭自己的初始印象，就让一位制砖匠涉足珠宝业，无疑是愚蠢至极的决定。

"因此，我再次郑重告诫各位，务必从我的失败中吸取教训：切勿盲目自信，仅凭个人判断便将财富投入未知的陷阱。相反，应多向经验丰富的专家咨询，他们的建议往往是无价的，不仅能帮你规避风险，有时甚至能帮你获得无比丰厚的利润。更重要的是，这些忠告的真正价值在于它们能像盾牌一样，保护你的储蓄免受损失。

"这便是摆脱贫困的第四大秘诀：严密守护你的财富，确保其免受任何形式的侵蚀。在投资时，务必选择那些能够确保你获得合理回报的项目，并虚心向那些拥有深厚智慧与丰富经验的内行人求教。遵循他们的专业建议，利用他们的智慧为你的投资决策保驾护航，从而避免落入投资陷阱，确保你的财富能稳步增长。"

固定资产的财富增值之道

在课程的第五天，阿卡德向学员们传授了关于如何让固定资产成为财富增长引擎的智慧。他语重心长地说："想象一下，当一个人将收入的绝大部分用于生活与享受，却仍能从这庞大的开销中抽离出一丝一毫用于投资，且不影响现有的生活质量，那么，他的财富增长速度将如同插上了翅膀，迅速攀升。"

阿卡德深知巴比伦男人们肩上的重担，他们既要为家庭的温饱支付钱币，还要支付高昂的租金给房东，这两笔巨额费用让他们的妻子和孩子难以享受到真正的居家乐趣。妻子们渴望有一片属于自己的小天地，可以种植花草，享受自然的馈赠；孩子们则希望能在干净的环境中嬉戏，而不是在尘土飞扬的巷弄里度过童年。

"拥有一片土地，不仅能让孩子们在清新的空气中自由奔跑，让妻子们亲手栽种的花草蔬菜装点家园，更能让整个家庭感受到前所未有的幸福与满足。"阿卡德的话语中充满了对美好生活的向往。

他进一步强调："男人们，当你们品尝到自家树上结出的无花果和葡萄时，那份甘甜将远超任何市场上的果实。拥有一个属于自己的家，一个你愿意倾注心血去呵护的地方，将赋予你前所未有的自信与动力。在这样的家中，你们的每一分努力都将得到加倍的回报。"

因此，阿卡德向所有学员提出了一个诚挚的建议："无论现状如何，都应努力寻找机会，购买属于自己的房子。这不仅仅是一项投资，更是为家人创造温馨、幸福生活的基石。让固定资产成为你财富增长的加速器，让你的每一分投入都转化为未来可观的回报。"

阿卡德深知，每一个心中怀揣着家庭梦想的人，都拥有将其变为现实的力量。他鼓励道："请记住，伟大的巴比伦国王不断扩张我们的城墙，为城内留下了众多尚待开发的土地。这些土地正以合理且实惠的价格等待着你们，成为你们建筑梦想家园的基石。"

他进一步揭示了借贷购房的奥秘："那些经营金银贷款业务的钱庄，正热切地期望你们能利用他们的资金，实现购房建家的梦想。只要你们能提交一份详尽且合理的建房计划，以及所需资金的明确预算，他们便愿意伸出援手助你实现梦想。如此一来，原本流向房东的租金，将转化为流向钱庄的还款，而你的债务也将随着每一次的还款而逐渐减轻，直至数年后彻底清偿。"

阿卡德描绘了一幅令人向往的生活图景："当那一天到来，你将拥有属于自己的宝贵财产，唯一的负担便是向国王缴纳的税款。你的妻子将能悠然自得地前往河边洗涤衣物，归来时还能带回清澈的水，用以浇灌家中的花草蔬菜。这份宁静与满足，将是你拥有住房后最珍贵的礼物。"

他总结道："拥有住房的男人，不仅将获得物质上的富足，更将享受到精神上的无限祝福与恩赐。你的生活成本将大幅降低，这能为你腾出更多资金让你去追寻人生的其他乐趣，以及满足那些适度而有益的欲望。因此，我郑重提出消除贫穷的第五大秘诀：拥有一个属于自己的家，让爱与财富在这里生根发芽，绽放出最灿烂的花朵。"

未雨绸缪，为未来做好打算

在第六天的课程中，阿卡德向学员们讲述了为未来做好规划的重要性。他深情地说："人生如白驹过隙，从幼年到老年，是我们无法逃避的自然规律。除非命运特别眷顾，让我们在青春年华时便得以解脱。因此，每个人都应当为自己年迈体衰的日子，以及可能无法继续支撑家庭的情况，提前做好经济上的准备。"

阿卡德强调，那些通过理财之道累积了财富的人，更应当具有前瞻性的眼光，为未来的生活制定周密的计划。他建议道："为了确保今后多年的经济安全，我们应当提前为一些投资计划或项目做好安排。这样，当我们步入老年，就可以无忧无虑地享用那些早已准备好的财富。"

接着，他探讨了多种为未来生活提供保障的方法。首先，他提到了将钱财埋藏在地下的做法，但随即指出其潜在的风险："虽然有些人会选择将财富隐藏起来，但无论方法多么巧妙，都难免有被窃贼发现的可能。因此，我并不推荐这种方法。"

随后，阿卡德提出了更为稳妥的建议：“购买房屋或土地作为养老的保障，是一个更为明智的选择。如果所选的房地产具有较大的增值潜力，那么它们不仅能够长期保持其价值，还可以在需要时以满意的价格出售，为养老提供充足的资金。”

他鼓励学员们：“让我们从现在开始，就为自己的未来做好打算。通过合理的投资和规划，我们可以确保在人生的每一个阶段都能拥有足够的经济支持，享受无忧无虑的生活。”

他还建议选择将小额资金持续投入钱庄，并逐渐增加存放的金额，这样利用复利效应将迅速累积起本金与利息的总和。他举例说：“我有一位挚友，鞋匠安山，在过去的八年时光里，他坚持每周向钱庄存入 2枚银币。不久前，当他从钱庄取回本金加利息时，那份惊喜难以言表。他凭借着这小额而规律的储蓄，加之每四年结算一次的 25% 利息，他最终收获了 1040 枚银币的丰厚回报。

“听闻此事，我利用我的算术知识又为他描绘了一幅更加诱人的前景：假若他能持续每周存入 2 枚银币，20 年后，他将能从钱庄获得高达 4000 枚银币的本息总额，这无疑为他的晚年生活筑起了一道坚实的经济屏障。

“显而易见，即便是这样看似微不足道的定期小额储蓄，在时间的催化下，也能汇聚成可观的财富之海。毕竟，无论当下事业如何兴旺，投资回报如何丰厚，我们都无法忽视晚年可能面临的无助与家庭的经济压力。”

阿卡德进一步阐述这一理念，他坚信未来会有智者设计出创新的保险机制，通过众人日常的小额定期缴费，汇聚成巨额资金池，以确保每个人离世后，其家人仍能拥有稳定的生活来源。然而，目前而言，该计划的实施尚存挑战，因为它依赖于一个庞大、高效且长期稳定的管理体系，其运行周期远超过任何个体的生命长度，且需如王权般稳固可靠。但阿卡德坚信，这样的制度终将诞生，并广泛惠及世人，因为那些最初看似不起眼的小额资金，在时间的滋养下，终将成为家庭在风雨中屹立不倒的坚实后盾。

阿卡德最后说："鉴于我们身处的是当下而非未来，我们所能做的便是充分利用现有的一切有利条件和策略，为老年生活的安定铺平道路。我恳切地建议每位朋友，都应尽早且深入地思考如何规避晚年经济困顿的风险。这一点至关重要，因为对于失去劳动能力的个人，或是缺乏稳定收入来源的家庭而言，资金枯竭无疑是一场无法言喻的悲剧。

"因此，我提出消除贫穷的第六大秘诀：为自己的晚年生活及家人的福祉未雨绸缪，提前规划并付诸行动。"

提升你的生财之道

当第七天的晨光洒满教室，阿卡德以一句掷地有声的话语开启了新的篇章："今天，我将与诸位分享一个直击贫困根源、最为直接且高效的解决方案。但请注意，我所说的并非黄金的奥秘，而是关乎你们每个人自身潜力的挖掘与发挥。"

他接着说道："在接下来的时间里，我将讲述一些在职场上取得辉煌成就与遭遇挫折的人们的故事，探讨他们成功与失败背后不同的思维方式与行为习惯。这些故事不仅是对过去的回顾，更是对未来成功的启示录。通过深入了解这些案例，我希望能激发你们内在的力量，找到提升自我、提高赚钱能力的钥匙。

"不久之前，一位远道而来的青年满怀焦虑地向我寻求财务援助，他坦言自己长期挣扎于收支失衡的困境中。我告诉他，这种持续性的入不敷出，实际上揭示出他在财务管理上的薄弱，尤其是偿债能力的匮乏，这往往意味着他难以积累足够的资本来偿还任何形式的贷款。

"我语重心长地对他说：'年轻人，问题的核心在于你需要努力提升你的赚钱能力。那么，你计划如何做到这一点呢？'他立刻回应，提及自己曾多次尝试向雇主提出加薪请求，尽管他表现得极为积极和诚恳，但遗憾的是，这些尝试都未能如愿。

"或许我们会觉得他的方法略显稚嫩，但不容忽视的是，他内心那份对增加收入的强烈渴望，这本身就是推动财富增长不可或缺的动力。渴望，必须强烈且具体，它是成功致富的第一步。模糊的愿望如同薄雾中的幻影，难以触及，只有清晰、具体的目标，才如同夜空中最亮的星，指引我们前行。

"想象一下，如果一个人明确而坚定地想要获得 5 块黄金，这份强烈的欲望将成为他的动力。我深信，只要他持之以恒，终将达成这一目标。而当这 5 块黄金稳稳握在手中时，他便会发现，获取 10 块、20 块乃至千块黄金的目标其实并不遥远。正是这一连串小目标的实现，让他在不知不觉中踏上了通往财富自由的道路。他学会了如何将每一个小小的愿望转化为实际行动，并在这一过程中，逐渐培养起赚取更大财富的能力。

"因此，我鼓励你们，让每一个欲望都简单、直接且触手可及。避免让欲望变得复杂、琐碎或超出自身能力范围，否则只会让自己陷入无尽的挫败感之中。记住，财富的积累往往始于点滴，只有脚踏实地，一步一个脚印地前行，才能最终抵达心中的彼岸。

"当一个人深谙勤勉之道，致力于不断提升自身的职业素养与技能水平时，其赚钱的能力便会水涨船高，自然而然地得到增强。回想起我初为泥板刻写员的时光，每日劳作仅换得微薄铜钱，但我敏锐地察觉到，身边不乏同事，他们不仅产量高于我，更在质量上胜我一筹，因此薪酬也更为丰厚。这份观察激发了我的斗志，我决心要超越所有同事，成为最出色的那一个。通过不懈探索，我终于洞悉了他们成功的秘诀，随后便以更加浓厚的兴趣，专注投身于泥板刻写工作之中。不久，我的技艺便无人能及，无论是数量还是质量，都遥遥领先。随着技艺的精进，报酬不断提升，我再也不必频繁地向雇主证明自己的价值，以求加薪。

"这一深刻的经历告诉我，我们所拥有的智慧与技能，是通往财富之门的金钥匙。那些在工作中不断学习、钻研的人，终将收获超越常人的回报。无论是工匠、律师、医生还是商人，各行各业的人们都在持续探索与进步的道路上砥砺前行。工匠可以向技艺高超的前辈求教，律师与医生则可通过同行间的交流切磋来提升自我，而商人则需不断研究成本效益，寻找更优的货源与经营之道。

"归根结底，是那份对工作的热爱与不懈追求，驱使着我们不断寻求更高效、更实用的技能与方法，以期为我们的雇主创造更大的价值，同时也为自己的职业生涯铺就一条通往成功的道路。

"因此，我恳请每位在座的朋友，务必保持前行的步伐，勇于追求进步，切勿让自己在时代的洪流中停滞不前，以免错失机遇，最终被时代所淘汰。

"在成功理财的道路上，确实存在着几个至关重要的转折点，它们如同灯塔般指引着方向。这些要点，不仅是自尊自重的体现，更是通往财富自由的关键路径。我呼吁大家，务必铭记于心并身体力行。一是坚决还清债务：保持财务健康的首要任务是清偿债务，避免不必要的消费超出自身承受能力。二是承担家庭责任：以行动证明对家人的爱与责任，让家人因你而感到骄傲与幸福。三是未雨绸缪：预先规划身后事，通过立遗嘱的方式确保财产得到妥善分配，为家人留下安宁与保障。四是心怀慈悲：在能力范围内伸出援手，帮助那些遭遇不幸的人，同时也不忘关心自己的亲人，让爱与温暖传递。

"至此，我宣布消除贫穷的第七大且至关重要的秘诀是：不断提升自我，通过勤奋学习与不懈努力，成为一位智慧、多才多艺且自尊自重的人。这不仅是财富积累的秘诀，更是人生价值的体现。"

随着七天课程的圆满结束，阿卡德满怀深情地对这 100 位学员说："以上所述，乃是我根据自身多年理财实践总结出的七大法宝，我衷心希望每一位渴望财富的朋友都能将其视为行动指南，坚持不懈地实践下去。相信在不久的将来，你们定能实现自己的致富梦想。

"请记住，巴比伦的财富远比你想象的要丰富得多，它如同无尽的海洋，足以容纳每一位勇敢追求者的梦想。理财致富不仅是你们的渴望，更是你们与生俱来的权利。勇敢地迈出步伐，遵循这些理财智慧，你们将像我一样，享受财富带来的自由与满足。

"最后，我恳请你们将这份宝贵的理财知识传播给更多的人，让巴比伦的荣光普照每一个角落，让所有人都能分享到这座城市的繁荣与富饶。让我们携手共进，共创美好未来！"

理财智慧：坚定不移地遵循并实践七大财富秘诀

1. 巴比伦的繁荣之源：巴比伦之所以能成为财富与繁荣的代名词，根源在于其民众普遍拥有并实践着理财的智慧与致富的法则。当财富深植于民间，国家的昌盛与繁荣自然水到渠成。

2. 储蓄为基，钱包鼓胀：首要之务，乃是坚持"十存一"的原则。每当你赚取 10 个钱币，务必让其中 1 个回到它应有的钱包中，让这成为你积累财富的第一块基石。

3. 明智消费，预算先行：学会节制，让每一分支出都经过深思熟虑。制定预算，确保每一笔开销都服务于你的长远目标，守护好那正在鼓胀的钱包，不让钱币轻易溜走。

4. 让金钱生钱，财富增值：让手中的金子与铜板成为你的得力助手，通过投资与理财，使它们不断繁衍增值。让财富之水潺潺不息，源源不断地流入你的口袋。

5. 安全投资，稳健前行：在追求财富增长的同时，务必保持警惕，严防风险。向内行请教，只选择那些安全且具备获利潜力的投资项目，确保你的财富在稳健中成长。

6. 房产为盾，信心为剑：拥有一套属于自己的住宅，不仅能为你提供温馨的避风港，更能成为你财富增长的又一利器。通过精心打理与合理投资，让房产成为你提升生活品质与增强信心的坚实后盾。

7. 规划未来，未雨绸缪：人生无常，唯有提前规划方能应对自如。为年老力衰时的生活及家人做好充分准备，制定具体的财务计划，确保未来拥有稳定的收入来源与安定的生活环境。

8. 自我提升，智慧致富：最后一点也是最为重要的，即持续不断地提升自身的赚钱能力。努力成为一个智慧、多才多艺且自尊自重的人，让你的才华与努力成为你通往财富自由之路上的最强动力。

五大黄金法则的珍贵指引

在阿卡德的卓越引领下，巴比伦悄然兴起了一股风潮，人们热衷于分享理财与致富的课程及趣闻轶事。夕阳西下，一支骆驼商队正井然有序地搭建营地。借着帐篷内朦胧而柔和的光线，27 位旅人紧密相依，围坐一圈，他们那被沙漠烈日雕琢得如同古铜雕塑般的脸庞，不约而同地仰向中心，聚精会神地倾听着他们的领袖卡拉巴布细细讲述他的财富哲学。

卡拉巴布是一位不仅拥有庞大商队，还涉足其他产业的巴比伦知名富豪，他缓缓看了看四周的同伴，以沉稳的语调提问：“假设你们面临抉择，一个装满沉甸甸黄金的钱袋与一块镌刻着智慧箴言的泥板，你们的心会倾向于哪一方？”

话音刚落，这 27 人几乎异口同声地回应：“我们选黄金！”

卡拉巴布闻言，嘴角勾勒出一抹颇有深意的微笑，他轻抬手臂指向帐篷外，轻声说：“听，那夜色中的野狗因饥饿而发出凄厉的吠声，它们一旦饱腹，不是疯狂争斗，便是漫无目的地游荡……随后又是争斗与游荡的循环，对未来毫无规划与担忧。人类在某些方面与它们何其相似！当黄金与智慧的天平摆在面前，大多数人会毫不犹豫地选择黄金，随后便肆意挥霍。待晨曦初现，他们便懊悔不已，因为黄金已如流水般逝去。同伴们，我们应该明白，黄金只为那些理解并遵循其内在法则的智者所积累和存在。”

寒夜中一股突如其来的冷风呼啸而过，让人不由自主地打了个寒颤，卡拉巴布自然而然地拉紧了身上的白袍，以抵御这刺骨的寒意。他的话语依旧平和而富有力量：“鉴于你们在这漫长而艰辛的旅途中，对我忠心耿耿，无微不至地照料着我的骆驼，毫无怨言地陪我穿越酷热的沙漠，还以智慧和勇气击退那些贪婪的盗匪，我决定在这个夜晚，为你们讲述一个关于黄金五大法则的独特故事。相信我，这个故事将是你们前所未闻的有趣故事。请静心聆听，铭记我的每一句话，如果你们能够真正领悟其中的智慧，并在生活中付诸实践，那么在未来的日子里，黄金将会装满你们的口袋。”

卡拉巴布的面容显得格外庄重，他故意停顿片刻，让这份期待在空气中弥漫。头顶之上，巴比伦的夜空如蓝宝石般深邃，繁星点点，璀璨夺目，它们的光辉温柔地洒在周围的帐篷上，为这寒冷的夜晚增添了几分温暖。帐篷被牢牢固定在地面上，以防被沙漠风暴侵袭。旁边，货物被整齐地捆绑成堆，上面覆盖着精美的兽皮，既保护着货物不受风沙侵扰，也为其平添了几分奢华的气息。不远处，骆驼们或悠闲地漫步于沙地之上，享受着夜晚的宁静；或低头反刍，沉浸在自己的世界里；更有一些骆驼已发出均匀的鼾声，进入了甜美的梦乡。这一切，都构成了一幅和谐宁静的画面，而卡拉巴布即将讲述的故事，将在这迷人的夜晚，在这群人心中种下财富的种子。

世间最珍贵的两件物品

一位专门负责包扎货品的工头，此刻插话道："卡拉巴布，您已为我们带来了无数启迪心灵的故事。我们满怀希望，在结束与您的雇佣关系后，能凭借您的金口玉言，过上我们梦寐以求的生活。"

卡拉巴布微笑着回应："我确实与你们分享了许多我在异国他乡的冒险经历。但是今晚，我要讲述的是一位非凡人物，一位最睿智且备受尊崇的大富翁阿卡德的故事。他的智慧，如同璀璨的星辰，照亮了巴比伦的财富之路。"

工头满怀敬意地说："阿卡德的名字，在巴比伦的每一个角落都回响着，他无疑是我们历史上最耀眼的财富传奇。"

卡拉巴布点头赞同，继续说道："正是如此，阿卡德之所以能成为巴比伦最富有的人，是因为他深刻理解和灵活运用了黄金的法则。而我接下来要讲述的故事，是来自阿卡德的儿子诺马希尔之口。那是一个久远的回忆，当时在尼尼微，我还是个青涩少年。

"那一天，我和我的主人有幸在诺马希尔那如同宫殿般宏伟的府邸中逗留至深夜。我们携带着精心挑选的地毯，每一张都色彩斑斓，令人赞叹。诺马希尔对它们赞不绝口，随后他热情地邀请我们一同坐下，品尝那罕见而甘醇的美酒，以此驱散夜晚的寒意。这样的款待，实属难得，至今仍让我难以忘怀。

"遵循巴比伦的传统习俗，富家子弟通常与双亲共居，以期未来能顺利继承家业。然而，阿卡德却特立独行，不愿拘泥于此。因此，当诺马希尔步入成年之际，阿卡德将他召至身边，神色凝重地训诫道：

"'吾儿，我深盼你能承继我的遗泽，但在此之前，你必须以行动证明你拥有驾驭这份庞大家业的智慧与能力。我期望你能趁着青春年华，独自步入社会闯荡一番，以此展现你赚取黄金、赢得世人敬仰的真功夫。为助你一臂之力，我赠予你两样宝物。想当初，我也是白手起家，无所依傍。首先，是一袋沉甸甸的黄金，若你能善加利用，它将成为你日后成功的坚实基石。其次，则是一块用丝绸层层包裹、珍贵无比的泥板，其上镌刻着关于黄金的五大法则。我坚信，只要你付诸实践，深刻领悟并遵循这些法则，它们定能引领你走向财富的巅峰，给予你无尽的财富与安心。

"'自今日始，十年为期。十载春秋后，你必须回到这个家，我们共同清点你在外打拼所得的每一份资产。若你能以行动证明你的智慧与能力足以担当家业重任，我便正式确立你为继承人。反之，我则将这份遗产托付给祭司们，让他们祈求诸神在彼岸护佑我的灵魂得以安息。'

"于是，诺马希尔怀揣着这袋黄金与那块承载着父亲期望的泥板，骑马离开了温暖的家园，踏上了独自闯荡的征途。岁月如梭，十年光阴转瞬即逝。诺马希尔如约而归，阿卡德夫妇特设盛宴，广邀亲友共庆。宴席散后，阿卡德夫妇端坐于大厅一侧的宝座之上，威严而庄重。诺马希尔则恭敬地立于他们面前，按照与父亲的约定，在众目睽睽之下，逐一清点并展示了自己这十年间在外闯荡所积累的财富与成就。

"此刻，夜幕已深沉，房间内油灯芯散发出的淡淡烟雾，如同轻纱般缓缓飘动。身着洁白袍服的奴隶们手持棕榈叶，轻巧地将烟雾拂散，维持着尊贵而庄严的氛围。诺马希尔的妻子，带着两个年幼的孩子，以及阿卡德家族的亲朋好友，都静静地坐在诺马希尔背后的毯子上，眼神中满是对他即将展开的冒险故事的渴望与期待。

"诺马希尔保持着他一贯的沉稳，面向父亲阿卡德及在座的众人，缓缓开口道：'父亲，请允许我先向您致以最深切的敬意。十年前，当我刚成年，您赋予我一项挑战，让我远离熟悉的家园，独自踏上征途，去证明自己的价值，而非直接继承您的荣光。这份殷切的期望与嘱托，我始终铭记于心。

"'临行前，您慷慨地赠予我一袋黄金与那块蕴含您智慧的泥板。谈及那袋黄金，我必须坦诚相告，我的处理确实稚嫩且不尽如人意。那些黄金，如同初春时节的野兔，轻易地从我尚显生疏的手中溜走，消逝得无影无踪，留给我的只有深刻的教训与反思。'

"阿卡德闻言，脸上绽放出一抹宽容而慈爱的微笑，他鼓励道：'继续讲吧，我的儿子。你的每一段经历，无论成功还是挫折，都是我乐于倾听的宝贵财富。'

"诺马希尔深吸一口气，继续说道：'怀揣对未知世界的憧憬，我踏上了前往尼尼微的旅程。在那个传说中机遇遍地的新兴大都市中，我很快便加入了一个沙漠旅行商队，旅途中，我有幸结识了几位新朋友，其中两位尤为引人注目。他们不仅谈吐风趣，还拥有一匹洁白如雪、奔跑如风的白驹，那马匹的速度简直令人叹为观止。

"'在一次闲聊中，这两位朋友兴奋地告诉我，尼尼微城里住着一位富翁，他拥有一匹神驹一样的马匹，据说从未有任何马匹能在速度上与之匹敌。富翁因此自负至极，甚至公开设下赌局，扬言若有巴比伦的任何马匹能胜过他的神驹，他愿以任何代价作为赌注。我的这两位新朋友对此嗤之以鼻，他们坚信自己的白驹能够轻松击败那所谓的神驹，便将其贬得一文不值。

"'在他们的热情邀请下，我未能抵挡得住诱惑，决定加入这场赌博。那时的我，满心以为这将是我赚取第一桶金的绝佳机会，对胜利的渴望让我忽略了潜在的风险。然而，命运却给了我一个沉痛的教训，我们的白驹在比赛中惨败，我因此付出了巨大的代价，损失了一大笔

黄金。那一刻，我深刻体会到了市场的残酷与无常，也意识到自己在判断与决策上的稚嫩与不足。'

"阿卡德闻言，眼神中闪过一丝赞许，嘴角勾起一抹温和的笑容，仿佛对诺马希尔的成长历程既感欣慰又带有些许心疼。诺马希尔继续沉痛而坚定地叙述着：'那次的失败，如同一记重锤，让我初次领略了人性中的险恶与世道的复杂。它成了我踏入社会后的第一课，让我学会了警惕与谨慎。然而，生活的考验并未就此停止。

"'不久后，我在商队中结识了另一位年轻朋友，相似的出身背景让我们迅速成了知己。他向我描绘了一幅美好的蓝图，是一个看似唾手可得的商机：接手一位已故商人留下的繁荣店铺。我被他的热情所感染，未加细想便答应了与他合伙，甚至不惜动用我所有的黄金作为启动资金。然而，这却是我人生中的又一大错。他带着我的信任返回巴比伦，却从此音讯全无，留下我一人面对那间逐渐凋零的店铺和空空如也的钱袋。

"'我意识到，自己不仅遭遇了背叛，更在商海中栽了一个大跟头。为了生存，我不得不忍痛割爱，将店铺低价转让给了一位以色列人，而我自己则陷入了前所未有的困境。我失去了马匹、奴隶，甚至是衣物，只能依靠微薄的收入勉强度日。在那些艰难的日子里，我无数次回想起父亲您的期望与教诲，它们如同夜空中最亮的星，指引着我前行，让我坚定了重新站起来的信心。'

"诺马希尔的叙述让在场的所有人都为之动容，尤其是他的母亲，泪水在眼眶中打转，最终她忍不住用手捂住脸，低声抽泣起来，为儿子的遭遇感到心疼与不舍。"

泥板上的古老智慧

"诺马希尔坚毅地继续说道：'在那段最低谷的日子里，我终于想起了您赐予我的那块泥板，上面镌刻着关于黄金的五大法则，那是您智慧的结晶。我静下心来，一字一句地诵读，心中涌动着前所未有的明悟。我意识到，如果我早先能深入理解并遵循这些法则，或许就能避免那些因年轻冲动而带来的损失。于是，我下定决心，要彻底领悟每一条法则的精髓，并以此为指引，重新赢得幸运女神的青睐。

"'今晚，为了在场的每一位亲朋好友，我愿意在此郑重宣读这五大法则，它们是我父亲十年前刻在泥板上，传授给我的无价之宝：

关于黄金的五大法则

一是储蓄为先：将自己收入的十分之一或更多积蓄起来，为未来及家庭储备的人，黄金将乐意进入他的家门，并以稳健的速度增长。

二是智慧投资：让黄金为自己工作，如同牧场主管理羊群般使其增值的主人，黄金将不辞辛劳地为他创造财富。

三是谨慎保护：遵循智者忠告，谨慎地保护并智慧地运用黄金的人，将牢牢掌握这份财富。

四是避免盲目：在不熟悉的领域或资深人士不认可的项目上贸然投资，黄金终将离他而去。

五是警惕陷阱：将黄金投入到不可能获得收益的领域，或轻信骗子的诱惑以及基于无知和天真的投资，将导致黄金一去不返。

"'这便是父亲留给我的黄金五大法则，其价值远非黄金本身所能衡量。接下来，我将继续讲述我的故事，以证明这些法则的力量。'

"诺马希尔再次转向他的父亲，深情地说：'刚才我提到了自己因缺乏经验而陷入的困境，但困境并未将我击垮。经过一番努力，我找到了一份工作，就是负责管理为城墙建造外廓的奴隶团队。正是从那一刻起，我深刻体会到了第一条法则的重要性。我坚持从每一份薪水中留下一部分，哪怕只是一块铜板，也绝不轻易挥霍。随着时间的推移，这些铜板逐渐累积成了一块银钱。尽管生活依旧拮据，我仍保持着节俭的习惯，因为我心中有一个坚定的目标，即在十年内，至少要赢回父亲给予我的那袋金子。'

"'此时，奴隶总管，这位已与我成为朋友的长者，注意到了我的节俭与坚持，不禁赞叹道：你真是个难得一见的年轻人，如此简朴而有远见。我敢肯定，你一定有所积蓄吧？

"我坦诚地回应：'确实，我内心深处最炽热的愿望就是积累黄金，以弥补我曾轻率挥霍掉父亲赐予我的那袋珍贵黄金的过错。'

"'他听后，眼中闪烁着赞许的光芒，说道：这是一个值得钦佩的目标，我全力支持你。你可知，妥善保存的黄金能够为你开启赚取更多黄金的大门？

"'我叹了口气，回忆起往昔的苦涩：唉，我曾亲身经历过惨痛的教训，父亲给予我的黄金几乎在转眼间化为乌有，这让我对再次失败充满了恐惧。

"'他宽慰地拍了拍我的肩膀：如果你信任我，我愿意分享一个稳妥的赚钱之道。城墙外廓的建造即将完成，未来尼尼微的城门必将需要大量的铜门以增强防御。但目前尼尼微的金属储量远远不足，国王也尚未找到解决之道。我有一个计划：集合众人的黄金，组织一支沙漠商队前往远方盛产铜锌的矿场采购，待城门建造时，我们便能垄断市场，高价售出。即便国王不直接向我们购买，我们手中的金属也定能卖出好价钱。

"'我深思熟虑后，认为这是第三条黄金法则在指引我，即依靠智者指导去进行投资，更是扭转我经济困境的关键。事实证明，这一决策无比明智。我们的合资项目大获成功，我那微薄的储蓄在精心运作下迅速增值数倍。

"'此后，我自然而然地成了这个小团队中不可或缺的一员，他们每个人都深谙财富增长的奥秘。在每一次投资前，我们都会进行详尽的分析与讨论，确保每一步都稳健而明智，绝不盲目跟风或涉足高风险的无利可图的项目。他们对我过去的轻率行为给予了指正，让我深刻认识到理性思考的重要性，学会了识别并规避那些看似诱人实则危机四伏的投资陷阱。

"'与这些智者同行，我逐渐掌握了安全且高效的理财之道。年复一年，我的财富稳步增长，不仅弥补了过去的损失，还远远超出了我的期望。这段经历让我再次深刻体会到，父亲传授的五大黄金法则不仅是获取财富的指南，更是人生智慧的结晶。忽视它们的人，终将面临财富流失的困境；而遵循它们的人，则能享受到财富源源不断的增长，让黄金成为自己最忠诚的伙伴。'

"诺马希尔的话语中带着自豪与感激，他转身示意屋后站立的奴隶们将三个沉甸甸的皮囊搬至众人面前。他亲手拿起其中一个皮囊，轻轻放在父亲阿卡德的膝上，深情地说：'十年前，父亲，您赠予一袋沉甸甸的巴比伦黄金作为开启我人生旅程的钥匙。今日，我站在这里，归还给您一袋等重的黄金，这不仅是一个简单的交换，更是对您无私馈赠的深情回馈。在场的各位，都不会对此有任何异议，因为这是一份理所当然的，来自时间的见证。'

"接着，诺马希尔的目光转向那两个剩余的皮囊，他从奴隶手中接过，稳稳地并排摆放在父亲面前，继续说道：'而您给予我的，不仅仅是一袋黄金，更有那块承载着无尽智慧的泥板。正是这份智慧，引领我跨越了无数的挑战与困难，让我能够赢得眼前这两袋更加沉重的黄金。这不仅仅是财富的累积，更是智慧与坚持的胜利果实。'

"他停顿片刻，目光中闪烁着对父亲深深的敬意：'父亲啊，我以此向您证明，在我心中，您的智慧远比任何黄金都要珍贵。黄金的价值可以用秤来衡量，但智慧的价值，却是无价之宝，它无法用任何数字来界定。缺乏智慧的人，即便拥有再多的黄金，也终将难以长久保留。而拥有理财智慧的人，即使起初一无所有，也能稳健地积累起可观的财富。眼前的这三袋黄金，正是我这一信念的生动体现。'

"阿卡德老人望着眼前已成长为富有且受人尊敬的儿子的脸庞，眼中满是欣慰与慈爱。他用那双布满岁月痕迹的手，轻轻抚摸着诺马希尔的头，声音温和而充满力量：'我的孩子，我深知你已将这些理财的智慧内化为你生命的一部分，它们成了你真正的财富。我何其有幸，能够拥有你这样明智且懂得感恩的儿子来继承我的一切。你的成就，是对我最大的安慰。'"

严格执行五大法则

卡拉巴布在讲述的间隙，目光温和地扫过围坐一圈，静候下文的同伴们，似乎在期待着他们有所感悟。随后，他的话语再次响起，带着几分引导与深思："诺马希尔的传奇经历，给你们带来了怎样的启示呢？是否有人曾鼓起勇气，向自己的父亲或岳父求教过那些关于理财的深刻智慧？或许，你们的长辈们会感慨万分地告诉你们：'我这一生，走过了千山万水，历经沧桑，金银财宝也曾满载而归，但遗憾的是，当我回首往昔，发现那些金子，有的被我用得恰到好处，有的则因愚蠢的决策而化为乌有，而更多的时候，是那些不明智的理财行为，让我的财富悄然流失。'

"你们是否还固执地认为，人与人之间的贫富差距，仅仅是由机遇和运气的不同所造成的？这样的想法，是大错特错！真相是，当一个人真正领悟并严格执行了关于黄金的五大法则，他就已经踏上了通往财富自由的道路。

"我，卡拉巴布，今日之所以能以一个富有商人的身份站在这里，并非依靠什么不可言喻的魔法或捷径。而是因为我年轻时，有幸接触并深入学习了这五条宝贵的法则，它们成了我人生路上的灯塔，指引我穿越风雨，积累起今日的财富。

"请铭记这句古老的谚语：'来得快的财富，去得也快。'真正的财富，是那些经过时间考验，依靠智慧不懈追求与坚守的成果。它不仅仅是数字的累积，更是心灵的富足与安宁。因此，让我们一同努力，将诺马希尔的故事和这五大法则内化于心、外化于行，让智慧成为我们通往财富与幸福之门的钥匙。

"对于一位兼具深邃思考与迅捷行动力的人而言，储蓄财富不过是肩上轻轻一抹优雅的重负，它将随时间流转而愈发显得轻松自如。年复一年，持之以恒地肩负这份责任，宏伟的蓝图终将化为现实，取得非凡成就。在神圣的光辉照耀下，这五条不朽法则，如同天赐的宝藏，必将给每一位虔诚的践行者以慷慨回馈。

"为防智慧的火花在时光中黯淡，我再次郑重其事地重申这五大黄金法则，它们蕴含着无尽的智慧与力量。我深知其重要，因我青春岁月已见证其不朽价值。唯有不断思考、不懈实践，直至其精髓深入骨髓，方能体会那份由内而外的满足与喜悦。

关于黄金的首要法则

首要法则，就是将收入的十分之一乃至更多，悉心贮藏，以作为个人与家族的未来基础。这样做，黄金之门将为你洞开，财富之流将源源不断，增长之势会稳健而持久。

实践这一法则，不仅能使你在有生之年累积起可观的财富，更能为后世子孙铺设一条安全无忧的生活之路。我自身的经历，便是最佳佐证。积蓄愈多，财源愈广；黄金生息，利息复利，循环往复，财富之树常青。这就是第一条法则的真谛所在，它揭示了财富增长的奥秘，让人在积累与增长的循环中，感受无尽的喜悦与安宁。

关于黄金的第二条法则

智者总能洞悉黄金的潜力，使之成为自己忠诚的伙伴，如同牧羊人精心照料羊群，使之茁壮成长一样。黄金，这位勤勉的仆人，一旦遇到慧眼识珠的主人，便会乐此不疲地工作，抓住每一个机遇，为主人赚取数倍于本金的财富。

对于明智的储蓄者来说，每一个精心挑选的投资机会都是黄金增值的催化剂，随着时间的累积，这些黄金将以惊人的速度膨胀，展现出其不可思议的增值魔力。

关于黄金的第三条法则

谨慎与智慧，是守护黄金的两大法宝。那些懂得如何谨慎保管黄金，并乐于倾听智者建议进行投资与运用的人，将永远紧握财富的钥匙。黄金仿佛拥有灵性，它偏爱那些细心呵护、谨慎行事的主人，而对那些疏忽大意者则避之不及。

因此，虚心向理财高手求教，不仅能为你的财富筑起坚固的防线，更能确保它在时间的长河中稳步增值，带给你无尽的满足与喜悦。在这个过程中，你将深刻体会财富增长带来的不仅是物质上的丰盈，更是心灵上的充实与安宁。

关于黄金的第四条法则

在投资的广阔天地里，盲目与无知往往是黄金流失的温床。那些未经深思熟虑，便在自己不熟悉的领域或资深投资者不看好的项目中投入黄金的人，最终往往会发现，黄金如同流沙般从指缝间悄然溜走。

市场充满了诱惑与陷阱，看似诱人的机会实则可能暗藏危机。唯有依赖智者与行家的眼光，审慎评估每一个投资机会，才能避免财富的无谓损失。记住，盲目自信往往比无知更可怕，真正的智慧在于知道自己的局限，并勇于寻求专业的指导。

关于黄金的第五条法则

贪婪与轻信，是黄金流失的两大元凶。那些被不切实际的幻想蒙蔽双眼，试图将黄金投入无法实现的高收益项目，或是轻信骗子与阴谋家的甜言蜜语，盲目追求超常回报的人，最终只会落得个黄金散尽、血本无归的下场。

在投资的世界里，没有免费的午餐，也没有一夜暴富的神话。真正的成功来自对市场的深刻理解、对风险的准确评估以及对自身能力的清醒认识。请铭记，巴比伦与尼尼微的富翁们之所以能够积累起庞大的财富，正是因为他们从不轻率投机，始终坚守稳健的投资原则。

卡拉巴布望着周围的同伴，缓缓地说："至此，关于黄金的五大法则已全部呈现于你们面前。这不仅仅是成功的秘诀，更是所有追求财富之人必须遵循的真理。掌握并运用这些法则，你们将不再为生计而忧虑，并且能够像巴比伦的富翁一样，享受财富带来的自由与尊严。明日，当巴比伦城的辉煌映入眼帘，当贝尔神殿的圣火照亮你们的道路，请带着这些宝贵的法则，去创造属于你们自己的财富传奇。记住，未来的十年，你们手中的黄金将如何变化，完全取决于你们今天的选择与行动。"

理财智慧：智慧引领黄金之路

1.在人生的十字路口，面对两个选择：满载黄金的钱袋与镌刻财富智慧的泥板，多数人或许会被金光闪闪的诱惑所吸引，而忽略了那无形的智慧之光。然而，历史无数次证明，盲目追逐黄金往往导致财富的流失与浪费。真正的智者，会选择那块泥板，因为它蕴含着让黄金生生不息的法则。

2. 五大黄金法则的实践指南：将收入的十分之一乃至更多，视为未来的种子，精心储蓄起来。这不仅是对家庭的负责，更是对自我价值的投资。黄金，这位忠诚的伙伴，将因你的远见卓识而欣然入驻，并以其独有的方式，让你的财富之树茁壮成长。

3. 寻找那些能让黄金为你效力的途径，如同牧羊人精心照料羊群，让黄金在你的智慧引领下，像牧场上的羊群一样，不断繁衍增值。每一次明智的投资，都是对黄金潜力的深度挖掘，也是对自己理财能力的肯定。

4. 黄金虽好，但需谨慎保管。听从智者之言，避免盲目与冲动，让每一块黄金都在你的精心呵护下，发挥其最大的价值。记住，黄金总是偏爱那些审慎而明智的主人。

5. 在投资的世界里，专业知识是不可或缺的基石。切勿在自己不熟悉的领域冒险，更不应轻信非专业人士的"金玉良言"。只有在资深投资老手的指导下，你的黄金才能安全地驶向增值的彼岸。

6. 那些看似诱人的高收益投资项目，往往隐藏着巨大的风险。切勿被贪婪蒙蔽双眼，更不应轻信骗子的花言巧语。记住，真正的财富增长是稳健而持久的，而非一夜暴富的神话。

7. 巴比伦的财富之门永远为那些勇于追求、善于智慧理财的人敞开。在你内心深处，蕴藏着无尽的潜能与力量。让五大黄金法则成为你的指南针，引领你走向财富的巅峰。记住，巴比伦的财富不仅属于过去，更属于每一个愿意用智慧去创造未来的人。

幸运降临的秘诀

无论是谁，在脱口而出或耳闻"真是幸运"的瞬间，内心都会涌动起纷繁复杂的情感与思绪，至少上百种感受交织其中。而不可否认的是，世间无人不怀揣着成为幸运宠儿的梦想，这份渴望跨越千年，成为每个人内心深处都期盼实现的美好愿望。

那么，是否真的存在某种可能，可以让我们与这位神秘的幸运女神不期而遇，赢得她的青睐与关注，促使她慷慨解囊，赐予我们梦寐以求的金子呢？换言之，我们是否能够掌握并运用一套有效的方法，将好运招进家门呢？

这正是古巴比伦人心中的疑惑，也是他们想要探索的谜题。要知道，这些巴比伦人不仅智慧超群，而且精明强干，他们渴望通过深入思考解答这一问题，为自身财富的积累找到一条高效、稳固且持久的道路。

在那个遥远的时代，他们创造性地设立了一个务实且充满智慧碰撞的殿堂，即学习中心。在巴比伦众多宏伟的建筑中，除了国王的辉煌宫殿、传说中的空中花园及诸神的圣殿外，还有一座鲜见于史书记载的建筑，它正是那个时代思想、知识与智慧的摇篮。这便是闻名遐迩的巴比伦讲学殿，一个汇聚了众多无私奉献的讲师的地方。他们在这里传授先贤的智慧，分享个人的见解，任何引人深思的话题都可在此公开探讨与争辩。讲学殿内，人人平等，即便是地位卑微的奴仆也能与尊贵的王公贵族自由交流，无惧任何责难。

尤为值得一提的是，巴比伦首富阿卡德便是这讲学殿的常客，他甚至拥有自己专属的讲堂。夜幕降临之时，来自各行各业的听众纷至沓来，其中以中年人士居多，他们聚集在阿卡德的讲堂上，或聆听其独到的理财之道，或就各种财富话题展开热烈的讨论与辩论，共同追寻着财富的奥秘。

探寻幸运女神的踪迹

这天晚上，夕阳的余晖在广袤无垠的沙漠边缘铺洒开来，天地间宛如一幅绚烂的画卷。阿卡德踏着夕阳的余晖，步入了那座充满智慧与启迪的讲堂，讲台上空无一人，但下方已密密麻麻地坐满了近90位求知若渴的听众，他们或坐或倚，静静地等待着今晚的智慧盛宴。

阿卡德的眼神温柔地扫过每一个人，随后轻声问道："今夜的星空下，大家希望共同探讨哪一领域的话题呢？"话音刚落，一阵低语在人群中荡漾开来。

这时，一位体格健壮的纺织匠，面容中带着几分踟蹰与兴奋，他缓缓起身，打破了室内的宁静："阿卡德大人，在座的各位朋友，我心中有一个话题，它如同沙漠中的绿洲，让我既渴望又犹豫。今天，我意外地收获了一个装满黄金的钱囊，这份突如其来的幸运让我心潮澎湃。我相信，在座的许多人也一定渴望生活中能常有这样的幸运相伴。因此，我提议，今晚我们就来探讨一下，是否有某些策略或方法，能够吸引幸运之神的目光，让她光顾我们的生活。"

阿卡德闻言，脸上洋溢着赞许的笑容，他点了点头，深邃的目光中闪烁着智慧的光芒："纺织匠的提议，无疑是一颗璀璨的星辰，照亮了我们的思考之路。确实，关于幸运，有人视其为天际的流星，不期而至，转瞬即逝。而有人则认为，它是幸运女神慷慨的馈赠，专为那些懂得如何取悦她的人而留。在此，我诚邀各位，分享你们的观点与经历，共同探索那些可能引导我们走向幸运之门的路径。"

话音刚落，便迎来一片掌声与赞同声，显然，这个话题触动了每个人的心弦。

阿卡德趁机引导道："在深入讨论之前，我想邀请在座的各位，如果谁还曾有过同纺织匠这样的类似经历，不经意间便收获了宝贵财富或珍宝，不妨勇敢站出来，与大家分享那份意外的喜悦与收获的细节。或许，在这些不经意的瞬间，正隐藏着吸引幸运的秘密。"

阿卡德的话，使讲堂内气氛变得更加热烈，几位听众跃跃欲试，准备分享自己的幸运故事，一场关于幸运的探寻之旅，就此缓缓拉开序幕。

会场内，众人交换着兴奋的眼神，空气中弥漫着一种微妙的期待与紧张。阿卡德见状，温和地打破了沉默："看来，这样突如其来的幸运，确实如同夜空中最亮的星，难得一见。那么，我们该如何继续这场关于幸运的探讨呢？"

这时，一位身着华丽锦袍的青年挺身而出，他的话语中带着几分轻松与幽默："或许，我们可以从人们最常联想到的场景——赌桌开始谈起。在那里，人们总是满怀希望，祈求幸运女神的垂青，希望她能引领自己走向胜利的彼岸。"

青年的话语刚落，便激起了听众们的好奇心，他们纷纷要求他分享更多："请继续，你的故事一定很精彩！在赌桌上，幸运女神是否真的眷顾过你？她是如何让你的骰子跃上那一点红的巅峰，让你的钱袋因赢来的银钱而沉甸甸的？又或者，她是否偶尔也会调皮地将骰子转向蓝色，让你的辛勤所得化为乌有？"

听众们的笑声中夹杂着几分理解与共鸣，那是一种对共通的人性的善意调侃。青年笑着回应："哈哈，说到这个，恐怕要让各位失望了。幸运女神似乎对我们那小小的赌桌并不感兴趣，她从未在我踏入赌场时给予特别的关照。但话说回来，你们之中可有谁真的感受过幸运女神在赌桌上的特别青睐？我们都很乐意听听那些令人振奋的故事，或许能从中汲取到一些好运的秘诀呢！"

此言一出，会场内的气氛变得更加活跃，每个人都开始思考起自己与幸运女神"邂逅"的经历，无论是真实的还是想象的，都成了这场讨论的宝贵素材。

阿卡德微笑着接过话茬，语气中充满了睿智与启发："各位所言极是，我们的讨论正逐渐触及运气的本质。提及赌博，它无疑是人性中对运气追求的一种极端表现，但运气绝不仅限于赌桌之上。事实上，当我们将视角拓宽，会发现生活中处处都充满了运气的考验与馈赠。"

把幸运女神吸引到身边

阿卡德转而看向一位提及赌战车比赛的听众，眼中闪烁着鼓励的光芒："您的观察非常敏锐，赌战车比赛的确比单纯的掷骰子更能激发人们心中的激情与期待。然而，我必须澄清，昨天我对灰马战车队的投注，并非源自幸运女神的耳语，而是基于我对比赛的深入分析与判断。幸运女神，于我而言，更像是一位无形的引导者，她鼓励我们去发现并抓住生活中的每一个机遇，而非盲目地依赖偶然。"

阿卡德停顿片刻，让在场的每个人都有时间消化这番话。随后，他继续说道："我深信，幸运女神青睐的，是那些不畏艰难、勤奋耕耘的人。无论是耕作土地、经营生意，还是在其他任何领域，只要我们付出真心与努力，她就有可能在某个不经意的瞬间，为我们带来意想不到的收获。当然，成功的路上并非一帆风顺，挫折与失败在所难免。但正是这些经历，塑造了我们的坚韧与智慧，让我们更加接近成功的彼岸。"

他的话语中充满了对未来的希望与对努力的肯定："因此，让我们把注意力从赌桌上的得失转移到更广阔的领域，去探寻那些真正能够带来持久幸福与成功的项目。记住，幸运并非随机降临的奇迹，而是对不懈努力的最好回报。"

阿卡德见听众们笑声渐歇，便再次开口，语气温和而坚定："确实，我们不可否认，在赌桌上有人偶尔能赢得一时的风光，但那只是极少数的例外，而非常态。赌博的本质，就像我之前所说，更倾向于为庄家创造收益，而非赌客。当我们深入分析那些赌局背后的数学逻辑时，不难发现，赌客们面临的是一种极为不利的胜率。"

他环视四周，目光中透露出一种深思："那些赢得一时的赌客，往往容易陷入一种错觉，认为他们找到了致富的捷径。然而，从未有人通过持续的赌博实现真正的财富。在巴比伦这片古老而智慧的土地上，我所遇见的每一位成功人士，他们的财富都是通过勤劳、智慧与坚持不懈的努力获得的。"

阿卡德的话语引发了听众的共鸣，他们纷纷点头表示赞同。这时，一位听众站起来，面带笑意地说道："阿卡德大人，您的话真是直指人心。确实，我们都听说过一夜暴富的传说，但真正能让我们心安理得、长久享有的财富，还是要靠自己的双手去创造。"

会场的气氛变得轻松而愉悦，阿卡德趁机引导话题深入："那么，为何不将这份对幸运的渴望，转化为对自我提升和勤劳努力的追求呢？在巴比伦，无论是从事农业、商业还是其他任何行业，只要心怀梦想，脚踏实地，总有一天会迎来属于自己的幸运时刻。"

听众们纷纷点头，脸上洋溢着对未来的憧憬与决心。阿卡德见状，满意地笑了，他知道，今晚的讨论已经在他们心中种下了希望的种子，而这颗种子，将在未来的日子里，逐渐生根发芽，并结出丰硕的果实。

一位年长的商人点了点头，眼神中带着几分追忆与感慨，缓缓开口："非常感谢阿卡德大人的引导，让我有机会分享这段经历。在我漫长的经商生涯中，确实有那么一次，幸运女神似乎就在我身边徘徊，而我却因为一时的犹豫和疏忽，让她悄然离去。

"那是一笔跨国贸易的生意。我得到消息，说远方的一个国家正急需我们巴比伦的某种特产，且所需数量巨大，给出的价格诱人。我立即意识到，这将是一笔足以让我家族生意跃上新台阶的交易。我迅速组织团队，进行了详尽的市场调研和风险评估，一切看起来都如此完美，仿佛成功已经触手可及。

"然而，就在我准备投入全部资金全力以赴之时，一个意外的消息传来，那个国家的政治局势突然动荡，新的统治者上台，政策方向不明。这让我感到前所未有的压力，我开始犹豫，担心投入的资金会血本无归。我反复思量，与家人、顾问商讨，始终无法下定决心。

"最终，我选择了保守的策略，决定暂时观望。就在我决定放弃的那一刻，我得知，另一位商人，他比我果敢，我们几乎是在同一时间得知那个消息，我选择放弃，他却毫不犹豫地抓住了机会。结果，他不仅成功完成了那笔交易，还因此大大拓展了他的商业帝国。

"现在回想起来，我深感遗憾。那次机会，本应是幸运女神对我最直接的眷顾，而我却因为自己的犹豫和胆怯，错过了它。这让我明白，幸运女神虽然会眷顾努力的人，但她更偏爱那些敢于冒险、勇于抓住机遇的人。"

说到这里，年长的商人轻轻叹了口气，但眼中却闪烁着更加坚定的光芒。阿卡德则微笑着点头，示意他坐下，然后转向众人："这个故事，无疑是对我们所有人的一次深刻提醒。记住，幸运女神往往只偏爱那些敢于迈出脚步，勇于追求梦想的人。所以，让我们在未来的日子里，更加勇敢地面对每一个机会，别让幸运再次从我们身边溜走。"

立即行动，幸运不等人

此时，一位皮肤黝黑的沙漠勇士插话道："这个故事告诫我们，幸运偏爱那些能够把握机会的人。下面我与大家分享我的幸运经历。我认为，财富的积累始于点滴，哪怕是最初的小额投资。我的牧群，便

227

是从一个亲友赠送的小牛犊开始。这一步，是我财富之路的起点，至关重要。它让我从单纯地以劳动为生，转向了资本增值的生活。

"当一个人勇敢地跨出建立财富的第一步时，就仿佛是在命运的长河中开启了一段奇妙的旅程，也等同于幸运女神悄然降临到他的身边。对于每一个渴望财富、向往美好生活的人来说，这至关重要的第一步有着非凡的意义。

"在没有迈出这一步之前，人们往往只能单纯地依靠自己的劳力去赚取微薄的收入，以此来勉强糊口。每一天的生活都像是一场与温饱的艰苦斗争，人们辛勤劳作，挥洒汗水，收获的却仅仅是能够维持基本生存的报酬。

"有一部分人是非常幸运的。他们在年轻的时候就敏锐地察觉到了这一关键的转折点，并且毫不犹豫地迈出了宝贵的第一步。这些年轻人就像是在黎明前就出发的行者，他们早早地踏上了财富积累的道路。由于起步早，他们在财富积累的征程上就拥有了更多的时间和机会。他们可以利用年轻时的活力和冲劲，去探索各种投资和理财的可能性。随着时间的推移，他们的财富就像滚雪球一样越滚越大。

"相比之下，那些起步较晚的人，就像是在比赛中后知后觉的选手。当他们意识到财富积累的重要性并开始行动时，可能已经错过了一些最佳的时机。他们需要在更短的时间内去追赶那些已经领先的人，这无疑增加了财富积累的难度。就像这位商人一样，最终未能攫取即将到手的财富。

"假如这位经商的朋友，在他早年的时候就遇上这种幸运的机会，并且能够果断地跨出第一步，那或许他今天的生活将会发生翻天覆地的变化，他很可能会拥有更为丰富的东西。

"要是刚才那位拾到一袋金子的纺织匠朋友，能够凭借此等好运勇敢地跨出第一步的话，那么这将会成为他储存更多钱财的极好开端。

228

他可以利用这些金子作为启动资金，去扩大自己的纺织生意。他可能会购买更多先进的纺织设备，雇佣更多熟练的纺织工人，从而提高纺织品的产量和质量。他可以租赁更大的厂房，将自己的纺织作坊发展成一个颇具规模的纺织工厂。"沙漠勇士的话语激励着人们，强调了立即行动的重要性。

此刻，一位来自异国的访客，急切地从座椅上跃起，用略显生涩的巴比伦语表达着自己的见解："感谢诸位的聆听，我来自叙利亚，言辞间或有不周，望请海涵。我欲以一词概括那位年长的商人的遗憾，或许在诸位听来略显冒犯，但我心之所向，非此莫属。遗憾的是，我尚未掌握此词在巴比伦的精准表达，恳请各位赐教，如何形容一个人错失了本可惠及自身的良机？"

有人即刻回应："那便是'贻误良机'。"

"正是此意！"叙利亚人眼中闪烁着激动的光芒，"他本有机会紧握命运的馈赠，却因犹豫与之失之交臂。或许他会说，手头之事已繁多，却未曾料到，正是这份拖延，让他与宝贵的机遇擦肩而过。我要强调的是，幸运从不眷顾那些坐等天降馅饼之人。幸运女神坚信，真正渴望机遇的人，会在第一时间采取行动。而那些面对机会却犹豫不决者，正如我们的商人朋友，终将错失良机。"

此言一出，引得众人一阵欢笑，年长的商人则起身，以谦逊之姿，向这位直言不讳的异国友人表达了诚挚的敬意："您的批评，如利剑般直指我心，我深表感激。"

阿卡德见状，适时提议："既然气氛如此热烈，我们不妨继续分享更多关于机会的故事与经验。在座诸位，是否还有愿意分享自己独特经历的？"

话音未落，一位身着红袍，气宇轩昂的中年人站起身来，缓缓说道："我也有一段亲身经历，愿与大家分享。作为一位专营牲畜交易的商人，我常以骆驼与马匹为主，偶尔也涉足绵羊与山羊的买卖。我要讲述的，正是一个我未曾预料，却最终与之失之交臂的绝佳机遇。这段经历，是我在不经意间让机会悄然溜走的实例。

"在那段旅途中，我耗时十日，四处寻觅购买骆驼却没有如愿，我带着满心的失落返回巴比伦城，却发现城门已闭，将我与归途隔绝。我气愤地命令仆人就地扎营，准备在城外度过这不眠之夜，当时我们携带的食物与清水已经不多，仅够勉强果腹。

"就在这时，夜色中走来一位异乡老农，同样因城门关闭而滞留。他眼中满含焦急，向我倾诉：'尊贵的商人，您的装扮透露出您是位行家。我有一群上等绵羊亟待出售，因妻子突患重病，我必须即刻返家。若您愿接手这些羊群，我和我的仆人们便能乘骆驼星夜兼程赶回家乡。'

"夜幕深沉，我虽看不清羊群的全貌，但羊叫声此起彼伏，预示着这是一笔不小的交易。出游十日却空手而归，让我对这笔交易充满渴望。农夫的报价极为诱人，我未加思索便应允了，心中盘算着明日一早便可轻松转手，获利丰厚。

"谈及羊群数量，农夫言之凿凿有九百只。我命仆人点亮火把，欲清点数目，但在昏暗与嘈杂中，这任务变得异常艰巨。羊群因饥饿与不安而躁动，使得计数几乎不可能完成。于是，我坚决表示需待天明，光线充足时再行付款。

"农夫心急如焚，近乎恳求地提出预支三分之二款项的请求，并承诺留下可靠的仆人协助次日计数。然而，不知为何，我那一刻异常固执，拒绝了任何形式的预付款项。

"次日清晨，城门大开，四位财力雄厚的买家蜂拥而出，寻求羊群以应对城内的食物短缺危机。他们愿意支付的价格，竟是农夫昨夜报价的三倍之多。交易迅速达成，现金交易，而我，只能眼睁睁看着这个本应属于我的天赐良机，在眼皮底下悄然溜走，心中满是懊悔与无奈。"

230

行动者，最得幸运青睐

"这确实是个发人深省的案例。"阿卡德感慨道，"从这个故事中，我们能汲取哪些宝贵的智慧呢？"

这时，一位备受尊敬的马鞍匠接过话茬："这个故事深刻揭示出：当我们确信一笔交易极为有利时，应毫不犹豫地支付商定的金额。若真是绝佳机会，我们必须果断行动，以防被自身的软弱与愚蠢所拖延。人性中常有的犹豫与多变，往往导致我们固执己见、错失良机，我个人的经验是，初次判断往往最为精准，但人们往往难以在确认好交易后迅速且坚定地执行。因此，我习惯迅速成交，以此克服内心的软弱，避免错失好运。"

叙利亚人再次站起，补充道："感谢大家的分享，我想再啰唆几句。大家的故事虽然各有不同，但错失机会的原因却惊人地相似，那就是拖延。每当机会携带着美好的祝福迎面而来，拖延者总是犹豫不决，未能及时把握。因此，问题的核心在于如何克服拖延，学会在关键时刻迅速决策。"

畜类买主深有同感："朋友，你的话真是字字珠玑。这些故事无一不在告诉我们，机会对拖延者来说如同过眼云烟。而遗憾的是，拖延几乎是人类共有的弱点。我们渴望财富，但当机会真正降临时，却又本能地寻找借口，让机会溜走。反思之后，我意识到，我们最大的敌人其实是自己。我曾误以为判断力或性格缺陷是错失商机的根源，但如今明白，真正阻碍我的，是根深蒂固的拖延习惯。这种恶习让我如同被失控的驴子拖拽，痛苦不堪。为此，我不断奋斗，誓要挣脱这一成功路上的绊脚石。"

叙利亚人深表感激地回应："您的见解真是深刻，商人先生。您不仅描绘了拖延如暗影般跟随我们的道理，还展示了将其视为劲敌、坚决对抗的决心，这确实发人深省。现在，我想听听阿卡德先生的高见，作为巴比伦财富与智慧的象征，他必定有着更为独到的见解。"

阿卡德，这位被尊称为"巴比伦最富有之人"的智者，微笑着缓缓开口："亲爱的朋友们，商人先生所言极是。拖延，这个看似无害却实则狡猾的敌人，它悄无声息地侵蚀着我们的时间、热情和机遇。它让梦想在犹豫中黯淡，让计划在迟疑中流产。我深知，自己之所以能累积起今日的财富，赢得今日的地位，很大程度上得益于我长久以来与拖延所做的坚决斗争。

"在我看来，成功之路从不平坦，而克服拖延，则是每位追求梦想者必须跨越的第一道门槛。它要求我们不仅要认识到拖延的危害，更要付诸行动，以果断和自律为武器，将其驱逐出我们的生活。正如商人先生所说，将拖延视为敌人，用坚定的决心和智慧去战胜它，这是通往成功不可或缺的一步。

"此外，我还要补充一点，那就是设定明确的目标与计划，并坚持不懈地执行。每一个小步骤的完成，都是对拖延的一次有力回击。当我们看到自己在朝着目标稳步前进时，那种成就感和满足感会成为我们继续前行的强大动力。

"因此，我完全赞同商人先生的观点，即任何人在追求全面成功之前，都必须首先克服拖延的恶习。这不仅是对个人的挑战，更是对自我潜能的挖掘与释放。让我们携手并肩，以行动为笔，以时间为纸，共同书写属于自己的成功篇章吧！"

"阿卡德先生的洞察力令人钦佩。"纺织匠点头赞同，眼中闪烁着新的光芒，"正如您所言，我曾经的误解已如晨雾般消散。幸运，并非天上掉馅饼，而是需要我们敏锐捕捉、勇敢把握的机会之果。每一位成功人士的背后，都藏着无数次对机会的精准拿捏和对拖延的坚决拒绝。"

"确实，商人朋友与畜类买主的故事，如同一面镜子，它们无声地诉说着一个道理：幸运之门永远为那些敢于行动、不畏挑战的人敞开。而拖延，则是那把锁，牢牢锁住了通往成功与幸运的大门。"

阿卡德微笑着，目光温暖而深邃，他说道："朋友们，今晚的聚会不仅是一次简单的交流，更是一场心灵的洗礼。我们共同揭示了幸运的真谛，它是机会与努力的交响曲，是勇气与决心的结晶。记住，幸运不会凭空降临，它需要我们用心去发现，用行动去拥抱。

"所以，让我们都成为勇敢行动的人吧！不要再让拖延成为阻碍，不要再让犹豫消磨激情。当我们全心全意地渴望成功，当我们毫不犹豫地抓住每一个机会，幸运女神自然会向我们微笑，引领我们走向那梦寐以求的辉煌彼岸。

"在巴比伦的星空下，让我们携手并进，用行动书写属于自己的幸运篇章，让成功与幸福成为我们永恒的伴侣！"阿卡德的话语激励着在场的每一个人，他们的心中充满了新的希望与动力，准备迎接更加灿烂的明天。

理财智慧：立即行动，拥抱幸运

1. 人类共同的渴望：自古以来，无论是古老的巴比伦人还是现代的我们，内心深处都怀揣着一个共同的梦想：成为幸运儿。这份对幸运的期盼，跨越了时空的界限，深深植根于人性的土壤之中。

2. 幸运的误区：提及幸运，许多人或许会联想到赌场的喧嚣、抽中彩票的激动，或是那些看似轻松获得的财富。然而，幸运女神几乎从不光临这些依赖侥幸的场合。祈祷与幻想，无法召唤真正的幸运。

3. 幸运的不确定性：即便有人暂时被幸运之神眷顾，其持续性也是难以预测的。依靠赌博、彩票等不劳而获的方式，永远无法实现长久的财富积累与成功。真正的幸运，往往隐藏在那些需要我们努力争取的地方。

4. 机会的珍贵与易逝：我们常常低估了幸运女神的慷慨与眷顾，原因在于我们往往对身边触手可及的机会视而不见，甚至让它们从指缝间溜走。记住，好运往往与机会并肩而行，只有敏锐地捕捉并珍惜它们，才能赢得幸运的青睐。

5.自我挑战，战胜拖延：在追求成功的道路上，最大的敌人往往是我们自己。拖延，这个无形的枷锁，让无数机会从我们身边悄然溜走。若要把握致富的良机，就必须战胜拖延，以坚定的决心和行动力，向成功迈进。

6.行动铸就幸运：幸运并非凭空而来，它总是与机会紧密相连。只有当我们勇于接受挑战，果断地把握每一个机会，并付诸实践时，才能吸引幸运女神的垂青。记住，她永远偏爱那些敢于行动、勇于实践的人。因此，让我们铭记这条忠告：坚决果断，立即行动！只有这样，我们才能在人生的旅途中，不断收获幸运与成功。